JN013396

東京大学工学教程

基礎系 化学
分析化学II 分光分析

東京大学工学教程編纂委員会 編

馬渡和真
一木隆範
清水久史 著
火原彰秀
溝口照康

Analytical Chemistry II
Spectroscopy
SCHOOL OF ENGINEERING
THE UNIVERSITY OF TOKYO

丸善出版

編纂にあたって

　東京大学工学部，および東京大学大学院工学系研究科において教育する工学はいかにあるべきか．1886 年に開学した本学工学部・工学系研究科が 125 年を経て，改めて自問し自答すべき問いである．西洋文明の導入に端を発し，諸外国の先端技術追奪の一世紀を経て，世界の工学研究教育機関の頂点の一つに立った今，伝統を踏まえて，あらためて確固たる基礎を築くことこそ，創造を支える教育の使命であろう．国内のみならず世界から集う最優秀な学生に対して教授すべき工学，すなわち，学生が本学で学ぶべき工学を開示することは，本学工学部・工学系研究科の責務であるとともに，社会と時代の要請でもある．追奪から頂点への歴史的な転機を迎え，本学工学部・工学系研究科が執る教育を聖域として閉ざすことなく，工学の知の殿堂として世界に問う教程がこの「東京大学工学教程」である．したがって照準は本学工学部・工学系研究科の学生に定めている．本工学教程は，本学の学生が学ぶべき知を示すとともに，本学の教員が学生に教授すべき知を示す教程である．

2012 年 2 月

　　　　　2010-2011 年度
　　　　　東京大学工学部長・大学院工学系研究科長　北　森　武　彦

東京大学工学教程

刊 行 の 趣 旨

　現代の工学は，基礎基盤工学の学問領域と，特定のシステムや対象を取り扱う総合工学という学問領域から構成される．学際領域や複合領域は，学問の領域が伝統的な一つの基礎基盤ディシプリンに収まらずに複数の学問領域が融合したり，複合してできる新たな学問領域であり，一度確立した学際領域や複合領域は自立して総合工学として発展していく場合もある．さらに，学際化や複合化はいまや基礎基盤工学の中でも先端研究においてますます進んでいる．

　このような状況は，工学におけるさまざまな課題も生み出している．総合工学における研究対象は次第に大きくなり，経済，医学や社会とも連携して巨大複雑系社会システムまで発展し，その結果，内包する学問領域が大きくなり研究分野として自己完結する傾向から，基礎基盤工学との連携が疎かになる傾向がある．基礎基盤工学においては，限られた時間の中で，伝統的なディシプリンに立脚した確固たる工学教育と，急速に学際化と複合化を続ける先端工学研究をいかにしてつないでいくかという課題は，世界のトップ工学校に共通した教育課題といえる．また，研究最前線における現代的な研究方法論を学ばせる教育も，確固とした工学知の前提がなければ成立しない．工学の高等教育における二面性ともいえ，いずれを欠いても工学の高等教育は成立しない．

　一方，大学の国際化は当たり前のように進んでいる．東京大学においても工学の分野では大学院学生の四分の一は留学生であり，今後は学部学生の留学生比率もますます高まるであろうし，若年層人口が減少する中，わが国が確保すべき高度科学技術人材を海外に求めることもいよいよ本格化するであろう．工学の教育現場における国際化が急速に進むことは明らかである．そのような中，本学が教授すべき工学知を確固たる教程として示すことは国内に限らず，広く世界にも向けられるべきである．2020 年までに本学における工学の大学院教育の 7 割，学部教育の 3 割ないし 5 割を英語化する教育計画はその具体策の一つであり，工学

の教育研究における国際標準語としての英語による出版はきわめて重要である.

　現代の工学を取り巻く状況を踏まえ，東京大学工学部・工学系研究科は，工学の基礎基盤を整え，科学技術先進国のトップの工学部・工学系研究科として学生が学び，かつ教員が教授するための指標を確固たるものとすることを目的として，時代に左右されない工学基礎知識を体系的に本工学教程としてとりまとめた. 本工学教程は，東京大学工学部・工学系研究科のディシプリンの提示と教授指針の明示化であり，基礎(2年生後半から3年生を対象)，専門基礎(4年生から大学院修士課程を対象)，専門(大学院修士課程を対象)から構成される. したがって，工学教程は，博士課程教育の基盤形成に必要な工学知の徹底教育の指針でもある. 工学教程の効用として次のことを期待している.

- 工学教程の全巻構成を示すことによって，各自の分野で身につけておくべき学問が何であり，次にどのような内容を学ぶことになるのか，基礎科目と自身の分野との間で学んでおくべき内容は何かなど，学ぶべき全体像を見通せるようになる.
- 東京大学工学部・工学系研究科のスタンダードとして何を教えるか，学生は何を知っておくべきかを示し，教育の根幹を作り上げる.
- 専門が進んでいくと改めて，新しい基礎科目の勉強が必要になることがある. そのときに立ち戻ることができる教科書になる.
- 基礎科目においても，工学部的な視点による解説を盛り込むことにより，常に工学への展開を意識した基礎科目の学習が可能となる.

東京大学工学教程編纂委員会　　委員長　大久保　達　也

幹　事　吉　村　　　忍

基礎系 化学

刊行にあたって

　化学は，世界を構成する「物質」の成り立ちの原理とその性質を理解することを
目指す．そして，その理解を社会に役立つ形で活用することを目指す物質の工学
でもある．そのため，物質を扱うあらゆる工学の基礎をなす．たとえば，機械工
学，材料工学，原子力工学，バイオエンジニアリングなどは化学を基礎とする部
分も多い．本教程は，化学分野を専攻する学生だけではなく，そのような工学を
学ぶ学生も念頭に入れ編纂した．
　化学の工学教程は全20巻からなり，その相互関連は次ページの図に示すとお
りである．この図における「基礎」，「専門基礎」，「専門」の分類は，化学に近い分
野を専攻する学生を対象とした目安であるが，その他の工学分野を専攻する学生
は，この相関図を参考に適宜選択し，学習を進めてほしい．「基礎」はほぼ教養学
部から3年程度の内容ですべての学生が学ぶべき基礎的事項であり，「専門基礎」
は，4年から大学院で学科・専攻ごとの専門科目を理解するために必要とされる
内容である．「専門」は，さらに進んだ大学院レベルの高度な内容となっている．

＊　　＊　　＊

　本書は，分光分析化学を中心的テーマとしている．分光分析化学は，溶液分析
化学とともに分析化学の基礎である．本書の前半では，分光分析に必要な光学や
分光化学の基礎を学ぶ．分光分析では，光と物質と相互作用を利用して物質の定
性・定量分析を行う．その際，用いる光の波長や対象とする物質によって原理が
異なり，それら原理に合わせてハードウェア(光源，分光器，検出器など)やソフ
トウェア(データ処理など)が決まる．そこで本書の後半では，これら各分光分析
法の原理，ハードウェア，ソフトウェアについて学ぶ．
　本書は，別紙の化学シリーズの相関図にある通り，「分析化学Ⅰ，Ⅲ，Ⅳ」に加
え，「無機化学Ⅱ」「物理化学Ⅲ」と関連がある．それぞれの学習目的や理解度に合
わせて，これらの巻もあわせて読まれたい．

東京大学工学教程編纂委員会
化学編集委員会

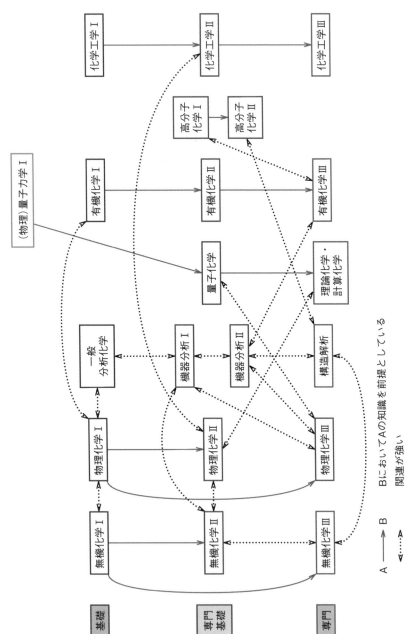

工学教程（化学分野）相互相関図

A ——▶ B　BにおいてAの知識を前提としている

A ····▷　関連が強い

目　　次

は　じ　め　に 1

1 分 光 学 基 礎 **3**
　1.1 電 磁 波 と 光 3
　1.2 物質のエネルギーと電磁波との相互作用 4
　1.3 分光学と分析化学 6
　1.4 機器分析と分析装置 7

2 分光学のための光学基礎 **9**
　2.1 電 磁 波 の 伝 搬 9
　2.2 偏　　光 11
　2.3 干　　渉 12
　2.4 反　　射 13
　2.5 吸 収 と 分 散 15
　2.6 光 学 素 子 18

3 光と物質の相互作用 **19**
　3.1 原子の電子エネルギーとスペクトル項 19
　3.2 Hund 則 22
　3.3 原子遷移則と Grotrian 図 23
　3.4 分子のスペクトル項と遷移則 24

4 紫外・可視分光法 **27**
　4.1 Jablonski 図と励起・緩和過程 27
　4.2 分 散 素 子 28
　　4.2.1 プ リ ズ ム 28

　　　　4.2.2　回　折　格　子 29
　　4.3　吸光分光分析法の原理と装置 30
　　　　4.3.1　Lambert-Beer 則とモル吸光係数 30
　　　　4.3.2　モル吸光係数の物理的意味 31
　　　　4.3.3　吸収に寄与する官能基と結合 31
　　　　4.3.4　吸光分光分析装置 32
　　　　4.3.5　円二色性分光分析法 32
　　4.4　蛍光分光分析法の原理と装置 33
　　　　4.4.1　蛍光量子収率と蛍光強度 33
　　　　4.4.2　Stokes シフトと鏡像関係 33
　　　　4.4.3　蛍光分光分析装置 35

5　振 動 分 光 法 37
　　5.1　基準振動と赤外・Raman の選択則 37
　　5.2　Fourier 変換赤外分光法(FTIR) 37
　　5.3　高 感 度 測 定 法 38
　　5.4　定 性 分 析 39
　　5.5　Raman 分光法 39

6　光熱変換分光法 41
　　6.1　無放射緩和と状態変化 41
　　6.2　光 音 響 分 光 法 41
　　6.3　熱レンズ分光法 42

7　表面プラズモン共鳴法 45
　　7.1　表面プラズモン共鳴法の原理 45
　　7.2　表面プラズモン共鳴法の装置 47

8　原 子 分 光 法 49
　　8.1　原子分光法の概要 49
　　　　8.1.1　定量・定性分析手法としての原子分光法 49

  8.1.2 2状態間の遷移と原子吸光，原子発光 50

  8.1.3 原子化，イオン化 51

  8.1.4 基底状態，励起状態 52

 8.2 フレーム原子吸光法 53

  8.2.1 フレーム原子吸光法の原理と装置 53

  8.2.2 フレーム原子吸光法の測定 56

  8.2.3 フレーム原子吸光法における干渉 56

 8.3 フレームレス原子吸光法 58

  8.3.1 フレームレス原子吸光法の原理と装置 58

  8.3.2 フレームレス原子吸光法の測定 59

  8.3.3 フレームレス原子吸光法における干渉 60

 8.4 原子吸光法のバックグラウンド補正法 60

  8.4.1 バックグラウンドの要因と対策 60

  8.4.2 重水素ランプ補正 61

  8.4.3 Zeeman 補正 61

 8.5 誘導結合プラズマ-原子発光法 63

  8.5.1 誘導結合プラズマ-原子発光法の原理と装置 63

  8.5.2 誘導結合プラズマ-原子発光法の測定と干渉 65

 8.6 誘導結合プラズマ-質量分析法(ICP-MS) 65

9 X 線 分 光 法 **67**

 9.1 X 線吸収分光法(XAS) 67

  9.1.1 電子構造の基礎 67

  9.1.2 X 線と物質との相互作用の基礎 69

  9.1.3 電子の遷移確率と電子遷移の選択則 70

  9.1.4 吸収端と電子構造との相関性 71

  9.1.5 X 線吸収端近傍微細構造と広域 X 線吸収微細構造 73

  9.1.6 XANES の解釈 75

  9.1.7 EXAFS の解釈 77

  9.1.8 XAS の実際の測定 79

  9.1.9 XAS に関するさまざまな話題 82

9.2　X 線を用いた他の分光法：X 線発光分光法と蛍光 X 線分光法 86
　9.2.1　X 線発光分光法 86
　9.2.2　蛍光 X 線分光法 88

参　考　文　献 **91**

索　　　引 **93**

は じ め に

　本書は，分析化学の中でも電磁波を利用して分析する分光法を理解することを目的としている．電磁波は，人間の目が利用している可視光，レントゲンで利用する X 線，日焼けの原因となる紫外線，ヒーターで利用する赤外線など，分析だけでなく身のまわりで非常によく用いられている．しかし，これら電磁波と物質の相互作用を理解するには，電磁気学，量子化学，数学など幅広い知識が必要となる．したがって，原理原則から理解するのは通常困難であるため，分析の手法に主眼をおいているテキストも少なくない．

　そこで，本書は，分光法の原理原則を理解することを主眼におき，分光分析化学を深く理解できる構成とした．1 章では，分光法の全体像を述べた．2 章では，電磁気学の基礎として，分光学を理解するために必要な光学現象を解説している．3 章では，物質のエネルギーを記述するためのスペクトル項を取り上げた．以上から，電磁気と物質それぞれの基礎を習得できる．以降の章では各電磁波を用いた具体的な分光法について解説している．4 章では，可視光や紫外線を用いた吸光法と蛍光法について取り上げた．ヤブロンスキー図や遷移則を取り上げ，電磁波と物質の相互作用について深く理解する．さらに，電磁波を波長ごとに分光する分散素子についても学ぶ．5 章では，赤外線や可視光線を利用して物質の振動情報を得る振動分光法を取り上げる．6 章では可視光線や紫外線を利用する光熱変換分光法を取り上げ，非蛍光性分子の測定法について学ぶ．7 章では，可視光線や紫外線を利用して表面の屈折率を測定する表面プラズモン分光法を学ぶ．8 章では，可視光や紫外線を利用して原子を分析する原子分光法を取り上げる．最後に 9 章で，X 線を用いた吸収分光法や発光分光法を学ぶ．

　以上のように，分光法について原理原則にもとづき幅広く取り上げた内容になっている．分光学の基礎をしっかりと身につけてもらえれば幸いである．

　各章の執筆者は以下のとおりである．1～4，7 章：馬渡和真，5 章：一木隆範，6 章：清水久史，8 章：火原彰秀，9 章：溝口照康．

1 分光学基礎

　本章では分光学に必要な電磁波の基本事項，物質と電磁波の相互作用，および
これら相互作用に基づく分光分析装置について学び，分光分析化学を俯瞰する．

1.1 電磁波と光

　人間は目を利用して，対象を認識したり，対象の情報を得たりしながら生活を
送っている．このとき，目が利用しているのは光である．目の奥にある網膜とよ
ばれる視細胞を通じて，光の強度や色などを認識している．

　ところで光とはどのようなものであろうか．狭義には，目に見える特定の領域
の光すなわち可視光線のことを指す．それでは X 線や赤外線など目に見えない
領域はどのようによばれるのであろうか．これらは光を含め電磁波とよばれる波
の一種である．電磁波は，進行方向と振動方向が直行する横波である．また，電
場の変化により磁場が生成され，また磁場の変化により電場が生成され，互いに
垂直な方向に振動する．その周波数 ν は真空中では以下のように表される．

$$\nu = \frac{c}{\lambda} \tag{1.1}$$

ここで c は真空中における光速，λ は真空中における波長である．また，電磁波
が真空中ではなく，ある屈折率 n の媒質を伝搬するときには，c および λ はそれ
ぞれ c/n（位相速度）および λ/n と表されるため，媒質中においても周波数は真
空中と同じになる．また，特殊相対性理論から c は観測系によらず一定の値
$(3.0 \times 10^8 \, \mathrm{m/s})$ となることが知られている．すなわち，X 線や可視光線，赤外線
など異なる種類の電磁波においては，λ が異なり，その結果 ν が異なることにな
る．そして，電磁波は図 1.1 のように一般的には波長（もしくは周波数）で分類さ
れる．なお，電磁波の境界は連続的に変化しており，図 1.1 の境界線はあくまで
も目安であることに注意されたい．通常われわれが利用する可視光線は，波長
400～800 nm（紫から赤）に位置している．次に，この分類をエネルギーの観点か
ら着目する．量子力学によれば，光は波でもあり粒子（光子＝フォトン）でもある
ので，フォトン 1 個あたりのエネルギー E を定義でき，以下のように Planck（プ

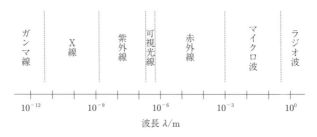

図 1.1　波長による電磁波の一般的な分類

ランク）定数 h（約 $6.6\times10^{-34}\,\mathrm{J\,s}$）を用いて表される．

$$E = h\nu \tag{1.2}$$

式（1.2）から，周波数が高いほど，また波長が短いほどフォトンが高いエネルギーを有していることがわかる．

1.2　物質のエネルギーと電磁波との相互作用

　原子から分子ができ，さらに原子や分子が集まって液体や固体ができる．すなわち，物質は基本単位である原子から構成されている．また，原子は原子核を中心にその周りを電子が囲んでいる．高校の化学では，電子の軌道は内殻から K 殻，L 殻，M 殻などと表されてきた．エネルギーの観点からは，内殻に位置する軌道ほど原子核に強く引きつけられているので，外殻軌道よりもエネルギーが低い．一方，量子力学によれば，電子の挙動は粒子性と波動性を考慮した Schrödinger（シュレディンガー）方程式で記述され，電子のエネルギーは離散的な値をとり，それぞれの状態はエネルギー準位とよばれる．すなわち，K 殻，L 殻，M 殻のエネルギー準位は離散的な値をとる．さらに，原子が集まると分子ができる．このときそれぞれの原子軌道が重なり合い，分子軌道が形成される．原子軌道のエネルギー準位が離散的であるので，その重なりである分子軌道も離散的となる．また，分子ではエネルギー準位として振動や回転準位が新たに生じる．これら振動や回転の主体は原子核である．原子核は電子と同様，波動性と粒子性両方の性質を示し，de Broglie（ド・ブロイ）波で記述できることから，原子の挙動（振動や回転）も同様に Schrödinger 方程式で記述される．詳細は工学教程

『物理化学Ⅲ』を参照されたい．その結果，振動や回転のエネルギー準位も離散的となり，振動エネルギー準位や回転エネルギー準位を形成する．さらに，固体は原子や分子が数多く集まってできたものであり，多数の原子軌道が重なり合って，ほぼ連続帯と見なせるバンドを形成する．また，最終的に原子や分子，固体の全エネルギー $E_全$ は通常下記で表すことができる．

$$E_全 ＝ E_{電子} ＋ E_{振動} ＋ E_{回転} \tag{1.3}$$

　原子や分子はこれら電子エネルギー準位，振動エネルギー準位，回転エネルギー準位の間を移動（遷移という）しながら外部（分光学では電磁波）とエネルギーをやりとりする．すなわち，電磁波を吸収するとより高いエネルギー準位に遷移して，電磁波を放出するとより低いエネルギー準位に遷移することになる．ここで，遷移のために必要なエネルギー ΔE の大小関係について考えたい．電子，振動，回転の Schrödinger 方程式を解くと，一般的に以下のようになる．

$$\Delta E_{電子} ＞ \Delta E_{振動} ＞ \Delta E_{回転} \tag{1.4}$$

遷移が起こるためには，原子や分子のエネルギーギャップと同じエネルギーをもった電磁波と相互作用する必要がある．その結果，電子遷移には可視・紫外光，振動遷移には赤外線，回転遷移にはマイクロ波が適した波長となる（図1.1）．これらエネルギーの大小関係を考慮すると一般に原子や分子，固体のエネルギー準位は図1.2のように記述される．すなわち，最も大きな ΔE を有する電子が高い準位にエネルギー準位を形成する．そして，それぞれの電子エネルギー準位に

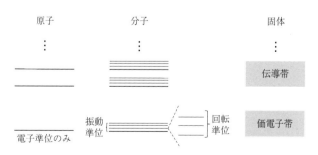

図 1.2　原子，分子，固体のエネルギー準位
（実際には準位は無限に存在する）

対して，次に大きな ΔE を有する振動エネルギー準位が形成される．最後にそれぞれの振動エネルギー準位に対して回転エネルギー準位が形成される．ここで，最も低いエネルギー準位を基底準位，基底準位よりもエネルギーの高い準位を励起準位とよぶ．エネルギーのモードを限定する場合，たとえば電子励起準位や振動励起準位などと明記する．原子や分子，固体はこれらの準位間の遷移を利用して電磁波の吸収や放出をすることができる．電磁波や原子・分子のエネルギー準位の理論的取り扱い，さらには電磁波との相互作用については 2 章と 3 章で説明する．

1.3　分光学と分析化学

　晴れた日に木の葉を観察すると，緑色に見える．この現象をもう少し原理に沿って記述すると，白色光(いろいろな波長の光を有する光)に近い太陽光が葉に照射され，葉から散乱してきた光が緑に見えるのである．これは葉に含まれる葉緑素(クロロフィル)が，緑の補色である赤の光を吸収して赤以外の光を散乱しているからである．このとき，横軸に波長やエネルギーをとって，縦軸に相互作用の強さ(たとえば吸収や発光の強度)を表したものをスペクトルとよぶ．前節で説明したように，物質は構成する原子や分子に応じて，特有のエネルギー準位をもっているため，スペクトルを測定することで物質の量さらには化学的・物理的な性質を得ることができる．これらを体系化した学問分野を分光学とよぶ．スペクトルを得るスキームは図 1.3 のように一般的に表すことができる．すなわち，試料に電磁波や電子線などの一次ビームを照射して，一次ビームと試料が相互作用した結果，試料から電磁波や電子線などの二次ビームが放出される．そして，一次ビームや二次ビームの波長やエネルギーを横軸に，相互作用の大きさを縦軸

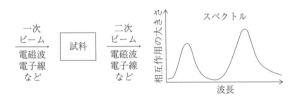

図 **1.3**　一次ビームと二次ビームおよびスペクトル

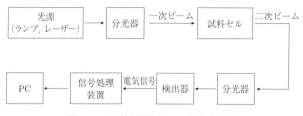

図 1.4　分光分析装置の一般的な構成

にプロットすれば，スペクトルが得られる．

　分光学を用いた分析化学では，さまざまな波長やエネルギーの電磁波や電子線などを利用して，試料中の目的物質(アナライト)の情報を得ることを目的としており，後ほど各章で述べるように優れた方法がいくつも開発されている．

1.4　機器分析と分析装置

　スペクトルを測定してアナライトの情報を得る装置を分光分析装置とよぶ．分光分析装置は一般的には図 1.4 のような構成となる．光源などの一次ビーム発生装置から発生した一次ビームを必要であれば分光器で分光して，アナライトを含む試料セルに照射する．そして試料から得られた二次ビームを必要に応じて分光器で分光して，検出器により検出して電気信号に変換する．得られた電気信号に対して増幅や積算，演算などの信号処理を施し，パソコン(PC)などに表示・記録する．現在さまざまな分光分析装置がすでに実用化されている．たとえば，吸光分光分析装置，蛍光分光分析装置，Raman(ラマン)分光分析装置などがあげられる．吸光分光分析装置では通常光源からの一次ビームを分光して，特定の波長の光を試料に照射し，その透過光の強度を検出して，信号処理装置により吸光度を算出する．これをさまざまな波長について繰り返して吸収スペクトルを得る．また，赤外吸光分析装置では，一次ビームの光を分光せずにさまざまな波長の光を一度に試料に照射して，透過した光に対して Michelson(マイケルソン)干渉計と Fourier(フーリエ)変換演算処理により吸収スペクトルを得る方法も開発されている．

2　分光学のための光学基礎

　本章では分光学および分光分析装置の理解に必要な電磁波の基礎(偏光，屈折，干渉など)を学ぶ．なお，回折も非常に重要であるが，結像理論と深く結びついているので工学教程『分析化学Ⅳ』で説明する．

2.1　電磁波の伝搬

　電磁波の伝搬は Maxwell(マクスウェル)方程式により記述できる．通常，分光学が対象とする媒質はガラスや空気，液体などの絶縁体であるので，電荷密度も電流密度もゼロと考えることができる．この場合，Maxwell 方程式は下記のように簡略化される．詳細は電磁気学の教科書を参照されたい．

$$\nabla \times \boldsymbol{E} = -\frac{\partial \boldsymbol{B}}{\partial t} \tag{2.1}$$

$$\nabla \times \boldsymbol{H} = \frac{\partial \boldsymbol{D}}{\partial t} \tag{2.2}$$

$$\nabla \cdot \boldsymbol{D} = 0 \tag{2.3}$$

$$\nabla \cdot \boldsymbol{B} = 0 \tag{2.4}$$

$$\boldsymbol{D} = \varepsilon \boldsymbol{E} \tag{2.5}$$

$$\boldsymbol{B} = \mu \boldsymbol{H} \tag{2.6}$$

ここで，$\boldsymbol{E}$ は電場，$\boldsymbol{H}$ は磁場，$\boldsymbol{D}$ は電束密度，$\boldsymbol{B}$ は磁束密度，ε は誘電率，μ は透磁率を表す．また，ガラスや空気などのように物性に空間異方性がない，すなわち等方的媒質を扱うので，ε と μ は方向に依存しない定数であるとする．また，図 2.1 のように座標を定め，z 方向に伝搬する電磁波を考える．式(2.1)の左から $\nabla \times$ 演算を施し，式(2.1)〜(2.6)により $\boldsymbol{B}$，$\boldsymbol{D}$，$\boldsymbol{H}$ を消去すると，次のように $\boldsymbol{E}$ のみからなる波動方程式を得ることができる．

$$\nabla^2 \boldsymbol{E} = \varepsilon \mu \frac{\partial^2 \boldsymbol{E}}{\partial t^2} \tag{2.7}$$

式(2.7)はベクトル表示ではあるが，振動・波動でみられる典型的な波動方程式である．したがって，電磁波も弦の振動と同様に振る舞い，横波になる．式

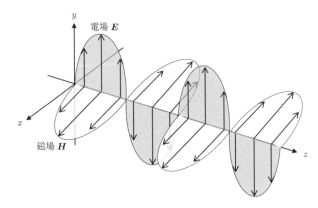

図 **2.1**　z 方向に進行する電磁波の例

(2.7)は空間座標 x, y, z で独立に解くことが可能であるので，ここでは簡単に x 軸だけを考え，電磁波の伝搬方向を z 軸とする．このとき，振幅を $E_x = A\cos(\omega t - kz)$ として式(2.7)に代入すると，

$$k = \omega\sqrt{\varepsilon\mu} \tag{2.8}$$

になり，波数 k と角周波数 ω の関係が得られる．ここで，いま考えている媒質中における屈折率 n を求める．媒質中の電磁波の位相速度 v は $v = \omega/k$ で表され，式(2.8)を利用して k と ω を消去すると，

$$v = \sqrt{\frac{1}{\varepsilon\mu}} \tag{2.9}$$

が得られる．また，真空中の光速 c は $c = \sqrt{1/\varepsilon_0\mu_0}$ （ε_0, μ_0 はそれぞれ真空の誘電率，透磁率）であり，$n = c/v$ の関係を利用すれば，n が求められる．

$$n = \sqrt{\frac{\varepsilon\mu}{\varepsilon_0\mu_0}} \tag{2.10}$$

通常，電磁波の周波数は十分高く，磁場が電磁波の応答に追随できないと見なせるので，$\mu \cong \mu_0$ と仮定できる．このとき n は次のように簡略化される．

$$n \cong \sqrt{\frac{\varepsilon}{\varepsilon_0}} \tag{2.11}$$

以上は電磁波の吸収がない媒質の場合であり，屈折率も誘電率も実数となる（メ

タマテリアルなど屈折率および誘電率がともに負になる物質も存在する）．しかし後述するように，色素溶液など電磁波を吸収する場合は媒質の屈折率と誘電率は複素数で表される．

　最後に磁場 $\boldsymbol{H}$ について考える．式(2.1)の関係から電場 E_x によって電場と垂直な磁場 H_y が生成する．$E_x = A\cos(\omega t - kz)$ を式(2.1)に代入すれば H_y が求まり，

$$H_y = -\sqrt{\frac{\varepsilon}{\mu}}\,A\cos(\omega t - kz) \tag{2.12}$$

となる．

2.2　偏　光

　すでに述べたように，電磁波は横波であり伝搬方向に対して垂直に振動している．このとき振動は伝搬方向に垂直な面内で直線的に振動する場合や，円のように回転しながら振動する場合などさまざまな振動パターンを取り得る．このように特有の振動パターンをもった電磁波を偏光という．たとえば，直線的に振動する場合は直線偏光，円のように振動する場合は円偏光とよばれる．また，太陽やランプの光のように，位相も振動方向もばらばらである場合，電磁波は特有の振

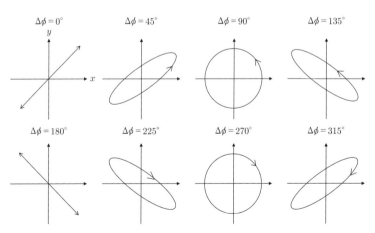

図 2.2　$\Delta\phi$ により生じるさまざまな偏光パターン

動パターンを示さず，無偏光になる.

　偏光はサングラスや液晶テレビなど日常でよく用いられる光学現象である. 分光分析装置においても，偏光を制御することでさまざまな光学系を設計することが可能になるため，よく用いられている. また，高輝度光源として用いられるレーザー光は，共振器を利用して一定方向の直線偏光を増幅していることが多く，出力も必然的に直線偏光になる. ここで，x 方向と y 方向に振動する直線偏光のベクトル合成によりさまざまな種類の偏光をつくり出すことを考えてみる. このとき，x 方向と y 方向の直線偏光は以下のように表すことができる.

$$E_x = A \cos(\omega t - kz + \Delta\phi) \tag{2.13}$$
$$E_y = A \cos(\omega t - kz) \tag{2.14}$$

ここで，$\Delta\phi$ は二つの直線偏光の位相差である. たとえば位相差 $\Delta\phi = 0$ であるとき，二つの直線偏光は同位相となるため，両軸に対して 45° 傾いた直線偏光となる. 図 2.2 に，$\Delta\phi$ を変化させたときに生成する偏光パターンの例を示す.

2.3 干 渉

　電磁波は波の一種であるので必然的に波の干渉が生じる. たとえば，スリットの実験では，電磁波を二つのスリットを通した後にできる強度のパターンが干渉により強弱のパターンとなることが知られている. 最初に，$\Delta\phi$ がある波長が同じ二つの波が干渉することを考える.

$$\boldsymbol{E_0} = A \cos(\omega t - kz + \Delta\phi) \tag{2.15}$$
$$\boldsymbol{E_1} = A \cos(\omega t - kz) \tag{2.16}$$

この二つの波が干渉して新しい波 $\boldsymbol{E} = \boldsymbol{E_0} + \boldsymbol{E_1}$ が生じる. 干渉後の強度 I は $|\boldsymbol{E}|^2$ で表すことができる.

$$I = |\boldsymbol{E_0} + \boldsymbol{E_1}|^2 = |\boldsymbol{E_0}|^2 + |\boldsymbol{E_1}|^2 + 2\boldsymbol{E_0}\boldsymbol{E_1} \tag{2.17}$$

もし二つの波が同位相 $\Delta\phi = 0$ であれば $\boldsymbol{E_0}\boldsymbol{E_1}$ は正の値となり，光強度 I は二つの光強度の和よりも大きくなる（強め合う）. また逆位相 $\Delta\phi = 180°$ のときは，$\boldsymbol{E_0} = -\boldsymbol{E_1}$ となるため式(2.17)の値がゼロとなる（弱め合う）. このように $\Delta\phi$ により電磁波の干渉が決まる. また，二つの波の波長すなわち周波数が異なるとき（$\omega = \omega_0, \omega_1$）には，周波数 $2\pi|\omega_0 - \omega_1|$ のうなりが生じる. 電磁波の周波数は一般的に高く，たとえば可視光領域では周波数は 100 THz（T：10^{12}）となり，周波数

を直接計測することは困難である．そこで，うなり現象を利用して周波数を GHz(G:10^9)以下に変換することによって，周波数の計測も可能になる．

ここで干渉を誘起するにはいくつかの条件が必要である．最初に光源から発生した電磁波のコヒーレンス(可干渉性)があげられる．式(2.17)に示されているように，干渉の程度は $\Delta\phi$ によって決定される．そのため，干渉前に電磁波の位相が揃っていることが重要である．最も理想的な光源としては位相が完全に揃っているレーザーがあげられる．ランプなどの一般的な光源では位相が揃っていないために，干渉実験の前に位相を揃える操作が必要になる．次の条件として，二つの波の偏光方向が揃っていることが重要である．たとえば二つの電磁波が直線偏光の場合を考える．偏光方向が平行であれば $\Delta\phi$ に応じて完全に干渉するが，垂直の場合には二つのベクトルの内積がゼロとなるために $I=|\boldsymbol{E}_0|^2+|\boldsymbol{E}_1|^2$ となって干渉は原理的に生じない．平行と垂直の間の場合には，内積に応じて干渉の程度が変化する．

2.4　反　射

屈折率の異なる境界に電磁波が入射すると，必ず透過する電磁波と反射する電磁波が生じる．それぞれの波数を図2.3に示すように定義する．このとき，境界条件として，境界面において x 軸方向の等位相面が入射波，反射波，透過波で一致しなければならない．そのため，入射波，反射波，透過波の波数ベクトル

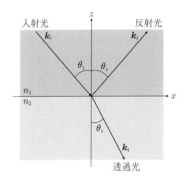

図 2.3　境界面における反射と透過

$\boldsymbol{k}_i$, $\boldsymbol{k}_r$, $\boldsymbol{k}_t$ は同一平面内(この場合は x-z 平面内)になければならない. 等位相面の間隔は $\lambda / \sin \theta$ で表され, 次の関係が成り立つ.

$$\frac{\lambda_i}{\sin \theta_i} = \frac{\lambda_r}{\sin \theta_r} = \frac{\lambda_t}{\sin \theta_t} \tag{2.18}$$

ここで, $\lambda_i = \lambda_r$ であることから, $\theta_i = \theta_r$ となり入射角と反射角が等しいことが導かれる. また, $\lambda_i / \lambda_t = n_2 / n_1$ から下記のように Snell(スネル)の法則が導かれる.

$$n_1 \sin \theta_i = n_2 \sin \theta_t \tag{2.19}$$

次に反射率 R を求める. 一般的に電磁波には, $\boldsymbol{E}$ が境界面に平行に振動する s 偏光と, 境界面に垂直に振動する p 偏光が存在する. 最初に図 2.4 に示すように p 偏光の反射と透過について考える. 境界面においては, $\boldsymbol{E}$ と $\boldsymbol{H}$ の振幅の境界面に平行な成分が入射側と透過側で一致する必要(振幅連続の境界条件)があり, 次の二つの式が導かれる.

$$E_i \cos \theta_i - E_r \cos \theta_i = E_t \cos \theta_t \tag{2.20}$$

$$H_i + H_r = H_t \tag{2.21}$$

ここで式(2.12)から $H = \sqrt{\varepsilon / \mu} E$ であること, さらに式(2.11)から $n = \sqrt{\varepsilon / \varepsilon_0}$ を利用して, 式(2.20)と(2.21)から E_t を消去すると, 反射率 $R_p = (E_r / E_i)^2$ は次のようになる.

$$R_p = \left(\frac{E_r}{E_i} \right)^2 = \left(\frac{n_2 \cos \theta_i - n_1 \cos \theta_t}{n_2 \cos \theta_i + n_1 \cos \theta_t} \right)^2 \tag{2.22}$$

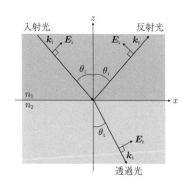

図 **2.4**　p 偏光の境界面における反射と透過

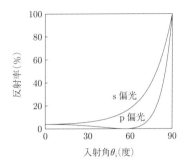

図 **2.5**　p 偏光および s 偏光の境界面における反射率
（$n_1=1.0, n_2=1.5$ の場合）

同様に s 偏光に対しても求めることができる.

$$R_s=\left(\frac{E_r}{E_i}\right)^2=\left(\frac{n_1\cos\theta_i-n_2\cos\theta_t}{n_1\cos\theta_i+n_2\cos\theta_t}\right)^2 \tag{2.23}$$

$n_1=1.0$ と $n_2=1.5$ の場合の p 偏光および s 偏光の反射率を図 2.5 に示す. p 偏光においては反射率がゼロになる入射角（この場合約 56°）が存在する. この角度は Brewster（ブリュースター）角とよばれ, レーザーの共振器などに用いられている.

2.5　吸 収 と 分 散

　これまでの説明ではガラスや空気, 純水など電磁波の吸収がない透明な媒質を対象にしてきた. しかし, 一般的に材料はいずれかの波長において吸収がある. このとき屈折率や誘電率は実数のみでは表現できず複素数となり, その実数部と虚数部の波長依存性は吸収波長の前後で特有のパターンを示す. そこで本節では吸収がある場合の屈折率や誘電率について考察する. とくに可視・紫外線領域などの高周波数領域まで電場に追随することが可能な電子の挙動に着目する.

　最初に電場と媒質中の原子（分子）との相互作用により発生する双極子モーメントについて考える. 対象とする媒質を構成する原子（分子）の双極子モーメントを p（向きは−から＋）, 数密度を N, 媒質の分極率 α とすると, 媒質の双極子モーメントは,

$$\boldsymbol{P}=N\boldsymbol{p}=N\alpha\boldsymbol{E} \tag{2.24}$$

と表すことができる．また，$\boldsymbol{D}=\varepsilon\boldsymbol{E}=\varepsilon_0\boldsymbol{E}+\boldsymbol{P}$ であるので，式(2.24)を使って $\boldsymbol{P}$ を消去すると，

$$\varepsilon=\varepsilon_0+N\alpha \tag{2.25}$$

が得られる．この関係により，分極率から誘電率や屈折率を求めることが可能である．また，式(2.11)を使えば，誘電率から屈折率を求めることも可能である．

　ここで，束縛された電子を古典的に扱う Lorentz（ローレンツ）モデルに基づき，$\boldsymbol{E}$ を印加したときの電子の運動について考え，α を求める．電子は $\boldsymbol{E}=E_0\exp(i\omega t)$（$z$ 方向に伝搬して y 方向に振動する直線偏光を仮定する）の振動に追随して双極子モーメントを生成する．また，電子の共鳴周波数は ω_0（＝吸収する周波数）とする．さらに電子の運動には周囲との摩擦を伴うので，摩擦項（摩擦係数 γ）も伴う．以上から，電子の質量を m，電荷を e とすると古典的な描像に基づき，電子の運動方程式が求められる（強制振動の式）．

$$m\frac{\partial^2 y}{\partial t^2}=m\omega_0^2 y-m\gamma\frac{\partial y}{\partial t}-eE_0\exp(i\omega t) \tag{2.26}$$

電子は電場に十分に追随可能なので，電子の y 方向への変位を $A\exp(i\omega t)$ として式(2.26)に代入すると（本来位相遅れが生じるが，ここでは吸収現象に焦点をあてるために考えない），

$$A=-\frac{eE_0}{m(\omega_0^2-\omega^2+2i\gamma\omega)} \tag{2.27}$$

原子（分子）あたりの分極は $\boldsymbol{p}=-ey=\alpha\boldsymbol{E}$ であることから，$\alpha=-ey/E$ に $\boldsymbol{E}=E_0\exp(i\omega t)$ を代入して $\omega\cong\omega_0$ の仮定のもと整理すると，

$$\alpha=\frac{e^2}{2m\omega_0(\omega_0-\omega+i\gamma)} \tag{2.28}$$

になる．すなわち分極率は複素数になる．また，式(2.25)から分極率が複素数のとき，誘電率も複素数となる．また，式(2.11)から屈折率も複素数となることがわかる．そこで屈折率を $n=n_{\mathrm{re}}+in_{\mathrm{im}}$ のように，実部と虚部に分離する．ここで，$v=c/n=\omega/k$ を利用すると波数 k が求められる．

$$k=\frac{n\omega}{c}=\frac{(n_{\mathrm{re}}+in_{\mathrm{im}})\omega}{c} \tag{2.29}$$

$E = E_0 \exp[i(\omega t - kz)]$ に式 (2.29) を代入すると,

$$E = E_0 \exp\left[i\left(\omega t + \frac{n_{\mathrm{re}}\omega}{c}\right) - \frac{n_{\mathrm{im}}\omega}{cz}\right] \tag{2.30}$$

式 (2.30) の空間項が指数関数的に減衰する実数項に変わっており, 電磁波の伝搬とともに振幅が減衰する電磁波, すなわち電磁波が吸収されていることがわかる. また, 吸光係数は $n_{\mathrm{im}}\omega/c$ から求められ, 屈折率の虚数部 n_{im} が吸収を表す

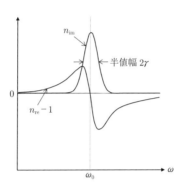

図 **2.6**　吸収周波数近傍における屈折率の挙動

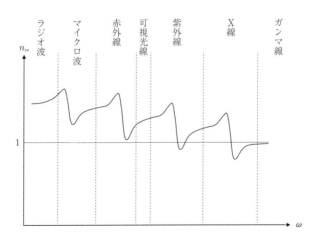

図 **2.7**　広範囲の周波数域における屈折率 (実部) の挙動

ことになる.

　一般的に吸収がある場合, n_{re} と n_{im} は図 2.6 のように振る舞う. そこで n_{re} の挙動を図 2.7 のように広範囲の周波数範囲で考える. 周波数が高くなると電磁波の振動に追随できる分子の運動モードが少なくなり分極率が小さくなるため, 平均的には屈折率は減少し, X 線の領域では屈折率は 1 に近づく(この領域では電子の共鳴周波数 ω_0 よりも大きいために電子の振動の位相遅れが π 以上になり, 位相が進んでいるようにみえるため屈折率は 1 より小さくなる). しかし, 狭い周波数範囲でみると, 吸収により図 2.6 のように屈折率が変化するために, 狭い範囲では周波数が高くなるにつれ屈折率が増加する領域がある(青色の光の屈折率が赤色よりも大きい).

2.6　光　学　素　子

　電磁波の干渉, 偏光, 屈折, 反射, 回折などの現象を利用して分光分析装置を構成するための素子を分光素子とよぶ. たとえば, 干渉では Michelson 干渉計があり, 後述する Fourier 変換赤外分光法に用いられている. また, 表面プラズモン共鳴分光法では入射光に直線偏光が用いられている. 光学顕微鏡は回折現象を利用した代表的な装置である. これらの分光素子は利用する電磁波の波長領域で用いる原理が異なるため, 後述する各種分光分析法において代表的な光学素子を説明する.

3 光と物質の相互作用

　前章において電磁波の基礎理論について学んだ．本章では物質，とくに原子を中心にエネルギー状態を記述するための方法を学ぶ．さらに，電磁波と原子との相互作用が起こるための条件である遷移則を学ぶことで，スペクトルについての理解を深める．

3.1 原子の電子エネルギーとスペクトル項

　原子の Schrödinger 方程式から，原子の波動関数が求められる．また，その状態は以下に示す四つの量子数により記述される．詳細については工学教程『量子化学 I』を参照されたい．

主量子数 n $(n=1, 2, 3, \cdots)$ ： 電子のエネルギー

方位量子数 l $(l=0, 1, 2, \cdots, n-1)$ ： 電子の軌道角運動量

磁気量子数 m $(m=0, \pm 1, \pm 2, \cdots, \pm l)$ ： l の z 成分

スピン磁気量子数 $m_{\mathrm{s}} \left(m_{\mathrm{s}} = \dfrac{1}{2}, -\dfrac{1}{2} \right)$ ： スピン角運動量

　電子を 1 個しか有していない水素原子の場合，これらの量子数によってエネルギー状態を記述することが可能である．しかし，一般的な原子では電子を複数個有している．そして，複数の電子により軌道角運動量間およびスピン角運動量間の相互作用が生じる．またこれら相互作用の結果生じた合成軌道角運動量と合成スピン角運動量の相互作用も考慮する必要がある．したがって，原子全体のエネルギーを記述するためには，これらの量子数を組み合わせた新たな記号が必要であり，この記号がスペクトル項である．

　最初に電子が複数 (n') 個ある場合の準備として方位量子数と磁気量子数を考える．多電子原子の軌道角運動量は個々の電子の軌道角運動量のベクトル和となり，量子数 L で表される．

$$L = \sum_i^{n'} l_i, \ \sum_i^{n'} l_i - 1, \ \sum_i^{n'} l_i - 2, \cdots, 0$$

また，l と同様に z 成分が規定され，量子数 M_L で表される．

$$M_L = 0, \pm 1, \pm 2, \cdots, \pm L \quad (2L+1 \text{ に縮重})$$

さらに，多電子原子のスピン角運動量も同様に個々の電子のスピン角運動量のベクトル和となり，量子数 S で表される．

$$S = \frac{n'}{2}, \frac{n'}{2} - 1, \frac{n'}{2} - 2, \cdots, 1/2 \text{ または } 0$$

複数の電子の相互作用の結果，S についても z 成分が存在し，量子数 M_S で記述される．

$$M_S = -S, -(S-1), -(S-2), \cdots, S-2, S-1, S \quad (2S+1 \text{ に縮重})$$

$2S+1$ はとくにスピン多重度といわれ，$2S+1=1$ の場合を一重項（singlet），$2S+1=2$ の場合を二重項（doublet），$2S+1=3$ の場合を三重項（triplet）とよぶ．最終的に複数電子の軌道角運動量（量子数：L）とスピン角運動量（量子数：S）のベクトル和の結果，全角運動量（量子数：J）が求められる．

$$J = L+S, L+S-1, \cdots, |L-S|$$

J も同様に z 成分が規定され，量子数 M_J で表される．

$$M_J = 0, \pm 1, \pm 2, \cdots, \pm J \quad (2J+1 \text{ に縮重})$$

このように，最初に軌道角運動量とスピン角運動量それぞれについてベクトル和を求めてから全角運動量を算出する方法は Russell-Saunders カップリングとよばれ，周期表の第3周期までは適用可能である．第4周期以降については，それぞれの電子について最初に軌道角運動量とスピン角運動量のカップリングを考える j-j カップリングを用いる必要がある．

以上から，項の記号（スペクトル項とよぶ）は次のように表す．

$$\text{項の記号} \qquad n^{2S+1}(L \text{の記号})_J$$

L の記号は，同じ値の l に対応する軌道の記号を大文字にすればよい（例：$L=0 \rightarrow$ S，$L=1 \rightarrow$ P）．また，n は省略しても構わない．

たとえば水素原子 H の基底状態 $(1\mathrm{s})^1$ と励起状態 $(2\mathrm{p})^1$ は次のようになる．

H の基底状態：$(1s)^1$　　$1\,^2S_{\frac{1}{2}}$

H の励起状態：$(2p)^1$　　$2\,^2P_{\frac{1}{2}}$　$2\,^2P_{\frac{3}{2}}$

水素原子 H のように電子が 1 個の場合はスペクトル項は非常に単純であるが，電子が 2 個以上ある場合には非常に複雑になる．たとえば炭素原子 C の基底状態を考える．

$$\text{C の基底状態：}\quad (1s)^2(2s)^2(2p)^2$$

$(1s)^2(2s)^2$ については電子がすべて埋まっており，L も S もゼロになることから考える必要はなく，電子が埋まっていない $(2p)^2$ の二つの電子を対象にすればよい．このとき，p 軌道は $l=1$ であるから L の記号は P となる．また，$l=1$ では $m=0, \pm1$ をとり得ることから，すべての場合について m の組合せを考え，M_L と M_S を求めていく．p 軌道はスピン量子数まで含めると全部で六つの状態がある．この状態に二つの電子が入るので，全部で ${}_6C_2=15$ 通り存在する．それを表 3.1 のようにすべて書き表し，右に m と s の合計，すなわち M_L と M_S を計算する．ここから次の手順でスペクトル項を求める．

表 3.1　炭素原子 C の基底状態

m			M_L	M_S
1	0	−1		
↑↓	—	—	2	0
↑	↑	—	1	1
↑	↓	—	1	0
↓	↑	—	1	0
↓	↓	—	1	−1
↑	—	↑	0	1
↑	—	↓	0	0
↓	—	↑	0	0
↓	—	↓	0	−1
—	↑↓	—	0	0
—	↑	↑	−1	1
—	↑	↓	−1	0
—	↓	↑	−1	0
—	↓	↓	−1	−1
—	—	↑↓	−2	0

① M_L が最大の状態を選ぶ.
② 上記最大の M_L のうち最大の M_S を選ぶ.
③ その組合せについて対応する L と S を求め(M_L と M_S がそのまま L と S になる), さらに J を算出してスペクトル項を求める.
④ 上記 L と S の組合せに属するすべての状態を求め, 図から削除する.
⑤ 残った状態について再び①からやり直す.
⑥ 上記の操作をすべての状態が削除されるまで繰り返す.

炭素原子 C の場合, 最初の操作で $(M_L, M_S) = (2, 0)$ が選択され, スペクトル項は $^1D_2$(n は省略)となる. また, このスペクトル項に属する 5 通りの状態が削除される. 同様にして, 次の操作で $(M_L, M_S) = (1, 1)$ が選択され, スペクトル項は $^3P_2$, $^3P_1$, $^3P_0$ となり, 全部で 9 通りの状態が削除される. 最後に $^1S_0$ が求められる.

3.2 Hund 則

前節で複数電子を有する原子のエネルギー状態を記述する方法とその求め方を学んだ. たとえば炭素原子 C では基底状態として五つの状態が求められた. これらはエネルギー状態を表す記号であることから, エネルギーの大小関係が存在するはずである(エネルギーの定量的な計算には量子化学計算が必要になるので本教程『量子化学』を参照されたい). ここではエネルギーの大小関係を示す Hund(フント)則を以下に示す. なお, Hund 則はあくまでも電子が複数の場合に適用されることに注意されたい.

① S が最大のものが最低エネルギーである.
② S が同じ場合, L が最大のものが最低エネルギーとなる.
③ S と L が同じ場合, 最外殻に入る電子が半数以下の場合には J が最小のものが最低エネルギー, 半数より多い場合は J が最大のものが最低エネルギーとなる.

Hund 則を物理的に解釈すると, S が最大のものが最低エネルギーということはスピンの向きが揃っているほうが安定であることを意味する.

Hund 則を炭素原子 C の基底状態に適用すると以下のようになる.

$$^3P_0 < {}^3P_1 < {}^3P_2 < {}^1D_2 < {}^1S_0$$

3.3 原子遷移則と **Grotrian** 図

　前節で原子のエネルギー状態とその大小関係を求められるようになったので，電磁波と物質の相互作用を考える．1章で示したように，原子を構成する電子は電磁波を吸収することによってより高いエネルギー状態に遷移することが可能である．また，励起状態から発光することによって元の状態に遷移することも可能である．前節で求めたように，炭素原子 C の基底状態だけでも五つのエネルギー状態があり，励起状態まで含めると非常に多くの遷移が可能なように思われる．そうすると，非常に多くの色が吸収されることになり，物質はある特定の色を有するのではなく，ほとんどの色が吸収された結果として残ったグレー系の色で構成されるように思われる．しかし，許容な状態間の遷移(許容遷移とよぶ)は遷移則で非常に制限されており，ほとんどの準位間の遷移は困難である(禁制遷移とよぶ)．禁制であることを励起状態から緩和する時間である緩和時間で表現すると，禁制遷移は非常に緩和時間が長く(秒スケール)なかなか遷移できないのに対して，許容遷移は短時間(ピコ秒からナノ秒スケール)で遷移することが可能である．遷移則は次のようになる．

① $\Delta L=0, \pm 1$(ただし，$L=0$ のときは $\Delta L\neq 0$)，$\Delta l\neq 0$
② $\Delta S=0$
③ $\Delta J=0, \pm 1$(ただし，$J=0$ のときは $\Delta J\neq 0$)

遷移則の意味を物理的に解釈してみる．光子は $l=1$ および $s=0$ の粒子である．L に着目すると，光子は電子と $l=1$ だけの軌道角運動量をやりとりすることしかできない．電子とのエネルギーのやりとりにおいて，L が変化できるのはそれぞれの量子数の和から差の絶対値までなので $0, \pm 1$ となる．ただし，$L=0$ のときには和が 1，差が -1 となるため $\Delta L=0$ はとることができない．また，S に着目すると，光子はスピンをもたないので $\Delta S=0$ となる．最後に，L と S の遷移則から J の遷移則が自動的に決まる．

　遷移則に基づき，許容な遷移を図示したものを Grotrian(グロトリアン)図とよぶ．たとえば，He の Grotrian 図を図 3.1 に示す．遷移則によれば，図 3.1 の中で基底状態から遷移可能な六つの励起状態のうち，遷移可能な状態は $^1P_1$ のみである．どのくらい禁制なのか定量的に取り扱うには，波動関数を用いて計算する必要がある．言い換えると，上記許容遷移は遷移可能な波動関数を表している

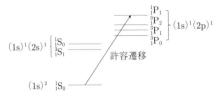

図 **3.1** He の Grotrian 図

ことになる.

3.4 分子のスペクトル項と遷移則

　前節では原子についてのスペクトル項と遷移則を説明してきた．これらは分子についても同様の理論が存在する．スピン s についてはハミルトニアンの対称性にかかわらず分子の波動関数も固有関数となることから，原子と同じ遷移則が成立する．しかし，分子の場合は原子と異なりハミルトニアンが非対称になるため，原子の l や m，またこれらから求められる L と M_L に対して，分子の波動関数は固有関数とならずスペクトル項として用いることはできない．前節で述べたように，遷移則の本質は，遷移可能な波動関数 ϕ の組合せであり，次に示す i 状態から j 状態への遷移モーメント $\mu_{i \to j}$ がゼロでなければ許容遷移，ゼロであれば禁制遷移となる．

$$\mu_{i \to j} = \iiint \phi_j^*(er)\phi_i \mathrm{d}x\mathrm{d}y\mathrm{d}z \tag{3.1}$$

ここで ϕ_j^* は ϕ_j の複素共役を，e は電子の電荷を表す．また er は電子の双極子モーメントである．したがって，この値を具体的に求めることになる．このとき式(3.1)がゼロになるかならないかを議論するために重要な要素が分子の対称性である．分子の対称性に基づきハミルトニアンの対称性が決まるので，分子の対称性を取り扱う群論，および群論に用いられる指標表によって，許容遷移か禁制遷移かを議論することが可能である．詳細については本教程『物理化学Ⅲ』を参照にされたい．許容遷移の条件を一般化すると，$\phi_j^*(er)\phi_i$ が A_1 対称種（空間積分でゼロにならない）となることが条件となる．

　ここでは分子の結合について遷移則を偶関数と奇関数を用いて簡単に考える．

式 (3.1) がゼロにならなければ遷移可能であるので，$\psi_f^*(e\boldsymbol{r})\psi_i$ が偶関数であれば
よい．また，$e\boldsymbol{r}$ は奇関数であるので，ψ_f^* と ψ_i が偶関数と奇関数の組合せであれ
ばよいことになる．分子の結合様式は，σ 結合および π 結合，さらに結合に関与
していない非共有電子対 n に大別することができる．ここで σ は偶関数である
のに対して，π は奇関数である．n は軌道の種類によるが可視・紫外領域では
sp^3 混成軌道や p 軌道となり奇関数となる．また励起状態においては，偶と奇が
入れ替わる．以上の考察から，$\pi \to \pi^*$，$n \to \pi^*$ および $\sigma \to \sigma^*$ 遷移などが主な許
容遷移となる．

4 紫外・可視分光法

前章まで電磁波の基礎，および電磁波と物質との相互作用について学んだ．本章からは電磁波と物質との相互作用を利用した各種分光法を学ぶ．とくに本章では紫外・可視分光法に焦点を当てる．

4.1 Jablonski 図と励起・緩和過程

1 章で原子や分子のエネルギー準位について説明した．紫外・可視分光法では，フォトンのエネルギーの大きさから電子エネルギー準位と振動エネルギー準位，回転エネルギー準位のすべてが対象となる．これらエネルギー準位と可視・紫外光の相互作用を表した図が Jablonski（ヤブロンスキー）図である（図 4.1）．なお，図中の S は一重項（singlet）を，T は三重項（triplet）を表している．また，それぞれの電子エネルギー準位に対して振動エネルギー準位が存在する．同様にそれぞれの振動エネルギー準位に対して回転エネルギー準位が存在するが，回転エネルギーは非常にエネルギーが小さく，この図の縮尺では小さすぎて見えないの

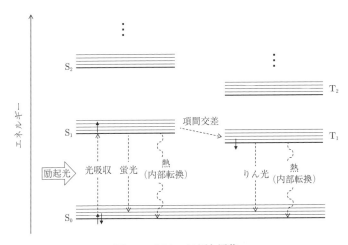

図 4.1　Jablonski 図と遷移

で省略している．ここで，熱平衡状態では電子はスピン対を形成して基底状態 S_0 を占有している．エネルギーギャップに相当する励起光を入射すると励起状態 S_1 へと遷移する．このとき，スピン多重度が同じであるので遷移則が満たされている．また，S_1 の中のさまざまな振動準位へ遷移することが可能である．光吸収後，高い振動状態の電子はその振動エネルギーを熱として高速に放出して，S_1 の最低振動準位へと緩和する．この過程を内部変換とよぶ．この状態からは化学反応を含めさまざまな緩和過程が存在するが，主に次の二つの緩和過程が代表的である．一つ目は，S_1 から S_0 の高い振動エネルギー準位へ遷移して，内部変換により最終的に熱(振動や回転)として S_0 の低い振動準位へ緩和する無放射遷移である．ほとんどの物質は励起エネルギーを熱として放出するので，無放射遷移は非常に一般的な緩和過程である．次に，励起エネルギーを発光(蛍光)として放出して S_0 へ緩和する放射遷移がある．発光は励起状態 T_1 からも可能であり，りん光とよばれる．本来 S_1 から T_1 への遷移は禁制遷移であるが，励起状態では構造変化により起こる確率はゼロではない．蛍光とりん光の寿命は，許容遷移である蛍光は通常ピコ秒からナノ秒と非常に高速に緩和するのに対して，りん光は禁制遷移であるためミリ秒から秒スケールになる．このとき，T_1 からの無放射遷移も存在するために，通常溶液ではりん光の観測は困難であり，極低温領域でのみ観測される．

4.2　分　散　素　子

可視・紫外領域の分光法では，後述する吸収分光分析法と発光分光分析法のいずれにおいても波長に応じて電磁波を分ける必要がある．そこで，吸光分光分析法や発光分光分析法に入る前に分光素子について説明する．

4.2.1　プ　リ　ズ　ム

プリズムは図 4.2 に示すように，屈折を利用して電磁波を分光する方法である．2 章で説明したように，屈折率の異なる境界面に電磁波が入射すると，Snell(スネル)の法則に従って電磁波は屈折する．このとき，プリズムの屈折率は，図 2.7 のように波長に依存するので，波長に依存して出射角 θ が異なる．可視光領域では赤色よりも青色のほうが屈折率は大きいため，青色の出射角 θ が大きくなる．

図 **4.2** プリズムによる光の分散

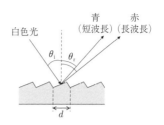

図 **4.3** 回折格子による光の分散

プリズムの材質は使用する波長領域によって異なる．可視光領域では一般的なガラス材料を用いることができるが，紫外領域では吸収の小さい石英や溶融シリカを選ぶ必要がある．

4.2.2 回 折 格 子

回折格子は図 4.3 に示すように，よく研磨された反射面に，1000〜3000 本/mm の溝を周期的に刻んだ素子である．電磁波を入射すると，電磁波の回折と干渉により強弱のパターンが現れる．入射光と反射光と合わせた光路差は $d(\sin\theta_{\mathrm{i}}+\sin\theta_{\mathrm{r}})$ となるので，この光路差が次のように波長 λ の整数倍となるとき強め合う．

$$n\lambda=d(\sin\theta_{\mathrm{i}}+\sin\theta_{\mathrm{r}}) \quad （n \text{ は整数，} \theta \text{ は反時計回りを正とする）} \quad (4.1)$$

強め合う条件は n に応じて複数存在する．このとき，n は回折次数とよばれる．たとえば一次光だけ考える場合，波長が長くなるに従って反射角 θ_{r} は大きくなる．単位長さあたりの溝の本数を増やすほど（d が小さくなるほど）波長分解能が向上する．微細加工技術の発展により回折格子の波長分解能は高くなっており，プリズムよりも多く用いられている．

4.3 吸光分光分析法の原理と装置

4.3.1 Lambert-Beer 則とモル吸光係数

Jablonski 図における光の吸収を利用した分析方法が吸光分光分析法である.
図 4.4 に示すように幅 l(光路長とよぶ)のセルに入った試料に励起光が入射した
とき,試料中のアナライトにより励起光が吸収され,透過する光が減少する.図
4.4 の微小領域 $\mathrm{d}x$ における励起光の強度変化 $\mathrm{d}I$ を考えると,$\mathrm{d}I$ は励起光強度や
試料の濃度 C,幅 $\mathrm{d}x$ に比例すると考えられる.その比例定数を α とする.

$$\mathrm{d}I = \alpha CI\mathrm{d}x \tag{4.2}$$

式(4.2)を $x=0$ から $x=l$ まで積分すると次のようになる.

$$-\ln\left(\frac{I}{I_0}\right) = \alpha Cl \tag{4.3}$$

式(4.3)を常用対数の形式に変換して,α/e を ε に置き換えれば Lambert-Beer
(ランベルト-ベール)則が得られる.

$$-\log\left(\frac{I}{I_0}\right) = \varepsilon Cl = A\,(吸光度) \tag{4.4}$$

l は慣用的に cm を用いる.また,ε はモル吸光係数とよばれ $\mathrm{M^{-1}\,cm^{-1}}$ の単位を
もつ.光を吸収する物質が複数ある場合には,全体の吸光度はそれぞれの吸光度
の和となる(吸光度の加成則).

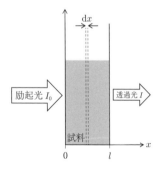

図 **4.4** 吸光分光分析法の原理

4.3.2　モル吸光係数の物理的意味

　モル吸光係数 ε は物質と波長によって決まる値であるが，この物理的意味を考える．モル吸光係数の単位を分解すると次のようになる．

$$\varepsilon \text{の単位} = M^{-1}\,cm^{-1} = (mol/1000\,cm^3)^{-1}\,cm^{-1} = 1000\,cm^2/mol \tag{4.5}$$

つまり，モル吸光係数は 1 mol あたりのアナライトの吸光断面積を意味している．吸光断面積は光吸収を考えたときの見かけの断面積である．また，物質量（mol）を Avogadro（アボガドロ）定数で置き換えれば，1 原子（分子）あたりの吸光断面積に変換することが可能である．ここでは，原子や分子をベースとして吸光断面積を考える．原子や分子には大きさがあり，フォトンが吸収するためにはフォトンが原子や分子と衝突しなければならない．また，衝突したとしても必ずしも吸収されるわけではなく，3 章で説明した遷移則に左右される確率過程である．したがって，吸光断面積は次のように考えることができる．

$$吸光断面積 = 衝突断面積 \times 遷移確率 \tag{4.6}$$

　以上のことから，モル吸光係数の上限を見積もることが可能である．一般に原子よりも分子のほうが大きいため，分子をアナライトと考える．また，ここで，励起光の波長において許容遷移であり，遷移確率がほぼ 1 であるとする．このとき，式(4.6)から吸光断面積は衝突断面積に等しくなり，おおよそ分子の大きさのオーダーになると考えられる．分子の大きさを 1 nm とすると式(4.5)からモル吸光係数は次のように見積もられる．

$$\varepsilon = (1[nm])^2 \times 6 \times 10^{23}[mol^{-1}] = \underline{6 \times 10^6}(1000[cm^2/mol]) \tag{4.7}$$

　以上から 10^6 の大きさが限度となる．実際にモル吸光係数の上限は大体この程度になる．

4.3.3　吸収に寄与する官能基と結合

　通常，可視・紫外領域において大きな光吸収を示す結合は $\pi \rightarrow \pi^*$ および $n \rightarrow \pi^*$ 遷移であり，これらが関与する官能基をアナライトが有していればよい．とくに $\pi \rightarrow \pi^*$ は大きな吸収を示し，モル吸光係数 ε は $10^3 \sim 10^5$ 程度になる．一

図 **4.5** 吸光分光分析装置の例

方 $n{\rightarrow}\pi^*$ のモル吸光係数は 10^3 以下となることが多い.

このほか,分子がつくる配位場による d 原子軌道の分裂(配位子場分裂)もよく利用される.配位子場で分裂した d 軌道の d→d 遷移(本来禁制ではあるが振動により吸収を示す)や,金属と配位子の間の電荷移動を利用した電荷移動遷移もよく用いられ,キレート滴定などに活用されている.

4.3.4 吸光分光分析装置

吸光分光分析法の装置図を図 4.5 に示す.光源から出射された光を分光器により分光する.分光素子としては回折格子がよく用いられ,高波長分解能が求められる場合には複数の回折格子が直列に配列される.そして分光された光は試料が入ったセルに入射して,アナライトにより吸収される.その後透過光の強度を光検出器により測定して吸光度を算出する.以上を測定波長範囲について繰り返す.光源や光検出器は測定する波長域に合わせて選択する.リファレンスのとり方として,一つのセルで溶媒と試料を順次測定してそれらの差スペクトルを求めるシングルビーム方式と,セルを二つ用意してそれぞれに溶媒と試料を入れて同時に吸光度を測定して差スペクトルを求めるダブルビーム方式がある.

4.3.5 円二色性分光分析法

キラリティを有する分子は,右回りおよび左回りの円偏光に対して異なるモル吸光係数を有する.この現象を円二色性とよぶ.右回りの円偏光と左回りの円偏光での吸光度の差を測定することで,D 体や L 体を選択的に定量可能である.薬の成分の識別・定量などに用いられている.

4.4 蛍光分光分析法の原理と装置

4.4.1 蛍光量子収率と蛍光強度

　蛍光法は図 4.1 の Jablonski 図において電子励起状態 S_1 からの緩和過程で発生する蛍光強度を測定することで物質を定量する方法である．対象とする物質が蛍光性のものに限られるので汎用性という点では劣るが，検出器の発展により蛍光をフォトンレベルで測定することが可能であるので，吸光分光分析法よりも高感度である．また，蛍光波長の情報が加わるので選択性も高くなる．

　高感度な蛍光測定の条件として，アナライトの蛍光量子収率 ϕ が高いことが求められる．ϕ は次のように定義される．

$$\phi = \frac{\text{蛍光として放出したフォトン数}}{\text{吸収したフォトン数}} \tag{4.8}$$

代表的な蛍光色素であるフルオレセインは $\phi=0.9$ 程度である．

　次に蛍光強度 I_F について求める．I_F は吸収量と ϕ の積であるので次のようになる．

$$I_F = (I_0 - I) \times \phi = I_0(1 - 10^{-\varepsilon Cl})\phi \tag{4.9}$$

吸光度が十分大きい濃厚溶液の場合は $I_F = I_0\phi$ となり，蛍光強度は濃度 C に依存しない値となる．また，吸光度が十分に小さい希薄溶液の場合，Taylor(テイラー)展開により $1 - 10^{-\varepsilon Cl} \cong 1 - e^{-2.303\varepsilon Cl}$ と近似でき，$I_F = 2.303 I_0 \phi \varepsilon Cl$ となるため蛍光強度は濃度に比例する．

4.4.2 Stokes シフトと鏡像関係

　一般的に励起波長に比べて蛍光波長は長波長となり，この波長の差を Stokes (ストークス)シフトとよぶ．また，吸収スペクトルと蛍光スペクトルは Stokes シフトだけ離れ，かつ鏡像関係となる．このことを理解するためには，図 4.1 の Jablonski 図だけでは不十分であり，図 4.6 のように横軸を核間距離として記述する必要がある．励起や緩和過程は Jablonski 図の説明と同様であるが，励起や緩和の時間，核間距離を含めて蛍光プロセスを説明する．

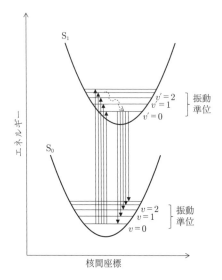

図 **4.6**　分子の基底状態および励起状態のエネルギー

分子の波動関数 ψ を電子の波動関数 ψ_e，振動の波動関数 ψ_v の積で近似する．

$$\psi = \psi_e \psi_v \tag{4.10}$$

このとき，核により生成する双極子モーメントを含めた基底状態 1 から励起状態 2 への遷移モーメント $\mu_{1\to2}$ は，電子の座標を r とするとき次のようになる．

$$\mu_{1\to2} = \iiint \psi_2^*(er)\psi_1 \mathrm{d}x\mathrm{d}y\mathrm{d}z$$

$$= \iiint \psi_{2e}^*\psi_{2v}^*(er)\psi_{1e}\psi_{1v}\mathrm{d}x\mathrm{d}y\mathrm{d}z$$

$$= \iiint \psi_{2e}^*(er)\psi_{1e}\mathrm{d}x\mathrm{d}y\mathrm{d}z \times \iiint \psi_{2v}\psi_{1v}\mathrm{d}x\mathrm{d}y\mathrm{d}z \tag{4.11}$$

添字 e は電子を，v は振動を表す．式(4.11)のうち，前半部分は 3 章で説明した電子の遷移モーメントである．また後半部分は Franck-Condon（フランク-コンドン）因子とよばれ，この重なり積分の値により蛍光スペクトルに現れる振動パターンの強弱が決まる．

　以上の議論をベースに蛍光スペクトルについて考える．通常，光吸収はフェムト秒未満のスケールであり非常に高速に起こる．一方，核の振動はフェムト秒か

らピコ秒スケールであるので，光吸収の間核は静止していると考えてよい．したがって，核座標表示において光吸収は垂直遷移となる．また，熱平衡状態でのBoltzmann（ボルツマン）分布を考えると，多くの分子は基底状態 S_0 の最低励起状態からの光吸収となる．通常，赤外光により振動励起をする場合は振動エネルギーの量子数の変化は ±1 のみが許容遷移となるが，電子励起に伴う場合にはこの遷移則に制限されず，Franck-Condon 因子が振動準位の遷移確率を決める．励起状態 S_1 に励起された電子は内部転換により，フェムト秒スケールで振動エネルギーを熱として放出して S_1 の最低振動準位に遷移したのち，ピコ秒からナノ秒スケールで蛍光を放出して S_0 へと緩和する．熱エネルギーの分だけエネルギーを失うので，蛍光の波長は励起光の波長よりも一般的に長くなる．また，励起状態では核の再配置によりエネルギーが安定化するので，蛍光における $v'=0$ から $v=0$ 間のエネルギーは吸収のエネルギーよりも小さくなる．この波長シフトを Stokes シフトとよぶ．また，光吸収および蛍光放出はともに最低振動準位からの遷移となるため，吸収スペクトルと蛍光スペクトルは図 4.7 のようにほぼ鏡像関係になる．

4.4.3 蛍光分光分析装置

　蛍光分光分析装置の例を図 4.8 に示す．蛍光の励起光源には通常紫外線まで波長幅を有する水銀ランプが用いられるが，波長が決まっている場合にはレーザー光のほうが高輝度であるので有利である．ランプの場合は励起光からフィルターなどにより励起光源を選択して試料に入射する．蛍光測定は吸光測定とは異なり，励起光と蛍光を分ける必要がある．そのため，蛍光測定は入射光に対して垂

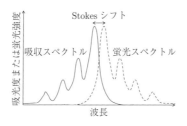

図 **4.7** 吸収スペクトルと蛍光スペクトルの鏡像関係

図 4.8　蛍光分光分析装置の例

直な方向から行うことが多い．入射光に対して垂直方向の蛍光を励起光カット
フィルターを通して光検出器により検出する．蛍光スペクトルを測定する場合に
は光検出器の前に分光器を設置する．蛍光法は原理的に光バックグラウンドがゼ
ロの状態からの発光を測定するので，光電子増倍管などの超高感度光検出器を用
いることができ，非常に感度が高い．最適条件では溶液中で単一蛍光分子の検出
も可能である．

5 振 動 分 光 法

　振動分光は，分子振動と電磁波の相互作用による振動準位間の遷移を分光学的に測定し，分子の構造，結合状態に関する情報を得る方法である．代表的なものに，赤外線吸収(反射)分光法，Raman 分光法がある.

5.1 基準振動と赤外・Raman の選択則

　n 原子分子は本来，$3n-6$ 通りの基準振動を有する．ただし直線分子では，分子全体の回転運動 3 種のうち，分子軸を回転軸とするものは，回転とは見なされないため，分子全体の回転の自由度は 2 種しかない．したがって，直線分子の基準振動は $3n-5$ 通りである．分子振動には大別して，伸縮振動(結合軸に沿っての振動)と変角振動(結合角の変化が起こる振動)が存在する．赤外吸収では，振動に伴い双極子モーメントが変化する振動モードが活性であるのに対し，Raman 散乱においては，振動に伴い分極率が変化する振動モードが活性である．すなわち，前者は振動に伴う電荷分布の偏りを検出し，後者は振動に伴う電子雲の広がりの変化を検出する．反転対称性のある分子では，赤外活性な基準振動は Raman 活性をもたず，Raman 活性な基準振動が赤外活性をもつという交互禁制律が成り立つ.

5.2 Fourier 変換赤外分光法(FTIR)

　赤外分光法は，試料に赤外線を当て，吸収光もしく反射光を分光して測定する分析方法である．有機化合物は，赤外域に必ずそのもの固有の振動スペクトルを有するので，赤外吸収波数を測定することにより定性分析が，またその吸収の強さを測定し，Lambert-Beer の法則に基づき解析することで定量分析ができる．赤外吸収分光においても，かつては可視や紫外光用の分光光度計と同様の基本要素からなる分散型分光器が用いられていたが，1990 年代以降，Fourier 変換赤外分光光度計を使用することが一般的になった(図 5.1)．分散型分光器に比べて光の利用効率が高く，高感度，高分解能，短時間計測が可能である．その原理は，

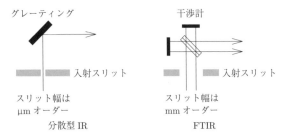

図 5.1　赤外吸収分光における分光法

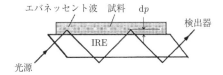

図 5.2　FTIR-ATR 法による表面高感度測定

Michelson 型干渉計を用いて，試料を透過させた赤外線のインターフェログラム
を測定し，これをコンピュータで Fourier 変換して通常の赤外スペクトルにする
ものである．

5.3　高感度測定法

　全反射減衰法(FTIR-attenuation total reflection：FTIR-ATR)は，赤外分光法
の一つである．内部反射素子(internal reflectance element：IRE)とよばれる屈折
率の大きいプリズムに試料を接触させ，全反射条件で赤外光を入射すると，IRE
と試料の界面に発生するエバネッセント波が試料に吸収される(図 5.2)．この吸
収光を FTIR を用いて分光する．エバネッセント波は全反射面近傍に局在する
ため，試料表面に対して高い感度を有する．ほかにも，p 偏光した赤外光を表面
に対してすれすれに入射した場合に表面化学種に対する感度が最大となることを
利用する高感度反射赤外分光法など，各種の光学アクセサリーの開発・普及に伴
い，高感度な赤外分光法が利用できるようになっている．

5.4 定 性 分 析

　赤外吸収スペクトルの特性吸収帯を用いて定性解析を行う際には，スペクトル全体を $1500\ \mathrm{cm}^{-1}$ 以上の領域と $1500\ \mathrm{cm}^{-1}$ 以下の領域の二つに分けて考える．前者には伸縮振動による吸収のみが現れるため，比較的簡単なスペクトルとなる．コルサップの表のような既知の分子・官能基について吸収波数帯をまとめたものと比較することで吸収帯を個々の官能基に帰属させることが容易であり，構造決定に有用である．一方，後者には変角振動と単結合による伸縮振動の吸収によるスペクトルが現れるため，分子全体の構造の特徴を反映した複雑なスペクトルが得られる．この領域は指紋領域ともよばれ，予測される化合物のスペクトルデータの吸収と比較することで同じ化合物であるかを同定する際に利用できる．

5.5 Raman 分光法

　試料に強い単色可視，紫外または近赤外光線を当て，分子の振動のうち分子の分極率の変化を起こすものに起因して入射光が受ける波数変化（Raman 散乱）を測定する．波数位置より定性分析，散乱強度より定量分析ができる．固有振動数 v_i をもつ分子に振動数 v_0 の強い単色光を当て，入射光に対し直角方向から観測すると，入射光の大部分は振動数の変化なしに弾性散乱する（Rayleigh（レイリー）散乱）が，一部（入射光の 10^{-7} 以下）は振動数 $v_i\pm v_0$ の光となって非弾性散乱を生じることが認められる．この現象を Raman 効果といい，この非弾性散乱光を分光測定したものが Raman スペクトルである．Rayleigh 散乱光よりも低波数側，高波数側に現れる輝線はそれぞれ，Stokes 散乱，アンチ（反）Stokes 散乱とよばれる（図 5.3）．

　以上はエネルギー準位を用いた説明であるが，光散乱の古典論を用いるとより直感的に理解することができる．通常，分子に照射された電磁波の電場 $\boldsymbol{E}$ と分子の双極子モーメント $\boldsymbol{p}$ の間には次の関係が成立する．

$$\boldsymbol{p}=\alpha\boldsymbol{E} \tag{5.1}$$

ここで α は分極率である．ここで，Raman 活性な振動の分極率は角周波数 ω_v により変化するので，以下のように表すことができる．

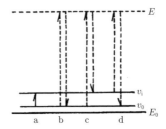

a：赤外吸収, b：Rayleigh 散乱, c：Stokes 線, d：アンチ Stokes 線

図 **5.3** エネルギー準位を用いた Raman 散乱現象の説明

$$\alpha = \alpha_0 + \alpha_1 \cos 2\pi\omega_\mathrm{v} t \tag{5.2}$$

ここで分子に角周波数 ω_in で振動する電磁波 $\boldsymbol{E} = E_0 \cos 2\pi\omega_\mathrm{in} t$ を入射して，電磁波との分極相互作用を誘起する．このとき，式 (5.1) に電磁波の式と式 (5.2) を代入して展開すると以下のようになる．

$$\boldsymbol{p} = E_0\alpha_0 \cos 2\pi\omega_\mathrm{in} t + \frac{1}{2}E_0\alpha_1 \cos 2\pi(\omega_\mathrm{in} - \omega_\mathrm{v})t + \frac{1}{2}E_0\alpha_1 \cos 2\pi(\omega_\mathrm{in} + \omega_\mathrm{v})t \tag{5.3}$$

式 (5.3) の右辺第 1 項が Rayleigh 散乱を，第 2 項が Stokes 散乱を，第 3 項がアンチ Stokes 散乱を表す．このように，分子振動による電磁波の周波数変調として Raman 散乱を理解することができる．

6 光熱変換分光法

6.1 無放射緩和と状態変化

　4章で学んだように，分子が光を吸収すると基底状態から励起状態への遷移が起こり，さまざまな経路を経て緩和する．フルオレセインなど蛍光性の分子であれば内部転換を経て光子を放出し，基底状態に戻る．また，項間交差を経て三重項状態となり，光子を放出して基底状態に戻る(りん光)分子も存在する．これら蛍光，りん光など光子を放出して緩和することをまとめて放射遷移とよぶ．一方，光子ではなく熱を放出して緩和する過程を無放射緩和とよぶ．励起状態の分子が放射遷移で緩和する確率(量子収率)η_rと無放射遷移で緩和する確率η_nの間には，

$$\eta_r + \eta_n = 1 \tag{6.1}$$

の関係があるが，蛍光を発する物質は限られており，さらに量子収率が高いものはきわめて少ないため，かなりの確率で無放射緩和が起こる．また，内部転換や項間交差の際に失われるエネルギーも熱として系外に放出される．したがって，大抵の緩和過程は熱放出を伴う．このような無放射緩和に伴う熱放出を利用した分光分析法のことを総称して，光熱変換分光とよぶ[1]．光熱変換分光法は無放射緩和に伴うさまざまな状態変化(温度，密度，屈折率など)を利用するが，本章では最も代表的な光音響分光法と熱レンズ分光法について述べる．

6.2 光音響分光法

　光熱変換分光法のうち，とくに密度の変化を検出に利用するものを光音響分光法(photoacoustic spectroscopy：PAS)とよぶ．図 6.1 に PAS の原理を示す.
　光熱変換分光法では物質を加熱する光(励起光)の強度を周期的に変調することが重要である．これによって励起光を照射した試料は加熱と放熱を繰り返し，試料内部の物性値が周期的に変化する．これは励起光の強度変調の周波数に一致するから，この周期的変化，つまり波を検出することによって試料の情報が得られ

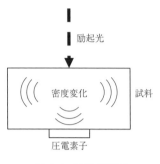

図 6.1 PAS の原理

ることになる．PAS では，試料内部に発生した密度変化の波を圧電素子によって検出する．あるいは，試料が周囲に放出した熱による空気の密度変化，すなわち音をマイクロホンで検出する．試料はセルやキャピラリーの中に入れた液体，気体でもよいし，固体，不定形のものであってもよい．このように試料の形状を選ばないことが PAS の大きな特長となっており，さまざまな用途に特化したPAS セルが市販されている．また，非破壊分析であることも大きな特長であり，とくに生体試料の二次元，三次元情報を取得する研究が進められている[2]．

6.3　熱レンズ分光法

　光熱変換分光法の中でも，温度上昇に伴う屈折率の変化を利用するものはとくに多い．具体的には光熱偏向分光法(photothermal deflection spectroscopy：PDS)，熱レンズ分光法(thermal lens spectroscopy：TLS)[3]などがあるが，ここでは代表的なものとして TLS を顕微鏡下で実現した熱レンズ顕微鏡(thermal lens microscope：TLM)について説明する．

　図 6.2 は TLM の原理を説明したものである．励起光とプローブ光の 2 本のレーザーの進行方向を一致させ(同軸入射)，対物レンズを用いて試料に対して垂直に集光する．レーザー光の強度分布はガウシアン型をしていることから，強度変調した励起光の焦点付近には放物線で近似される温度分布が形成される．液体試料の場合，一般に温度変化に対する屈折率変化(dn/dT)が負であることから，この温度変化は凹レンズに相当する屈折率変化となるので，このことを熱レンズ

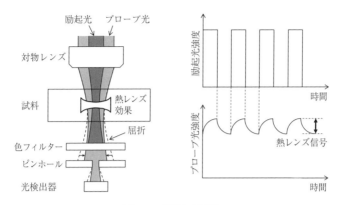

図 **6.2**　TLM の原理

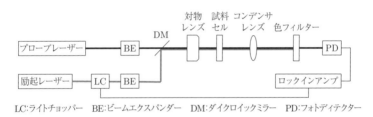

LC:ライトチョッパー　　BE:ビームエクスパンダー　　DM:ダイクロイックミラー　　PD:フォトディテクター

図 **6.3**　TLM の装置図

効果とよぶ．すると，熱レンズ効果によりプローブ光の屈折が起こり，ピンホールを通過するプローブ光の強度が変化する．熱レンズ効果の強度は励起光強度，試料の吸光度および dn/dT に比例するため，プローブ光の強度変化，つまり熱レンズ信号を検出することにより試料の吸光度(濃度)を定量することが可能となる．

　典型的な TLM の装置図を図 6.3 に示す．TLM では励起光とプローブ光を同軸になるように入射し，プローブ光の信号をロックインアンプで処理することにより熱レンズ信号を検出している．具体的には，励起光をライトチョッパなどを用いて周波数 ν で強度変調する．するとプローブ光の強度変化も ν の成分をもつ．ロックインアンプはプローブ光の強度変化のうち，この ν の成分のみを取り出すことにより，雑音に埋もれた微小な熱レンズ信号を取り出すことを可能にしている．

 TLM のほかにも，励起光とプローブ光を直交させるタイプ，固体試料に対してプローブ光を反射させるタイプなどさまざまな TLS が存在するが，検出原理はほぼ同じである．TLS の特長はきわめて高感度であることで，一般的な吸光光度計よりも感度が 2 桁以上優れている．また，μm スケールの微小空間においてとくに有用であり，液体クロマトグラフィーやキャピラリー電気泳動の検出器として応用されている[4]．また，イメージング用途では，金属ナノ粒子など強い光吸収を有する物質でコントラストを強調することによって，生体組織中の腫瘍のイメージングなどに用いられている．

7 　表面プラズモン共鳴法

　本章では表面・界面選択的分光法の代表であり，表面の屈折率変化をリアルタイムに高分解に測定することで，表面近傍のアナライトの濃度を高感度に測定することが可能な表面プラズモン共鳴法について学ぶ．

7.1　表面プラズモン共鳴法の原理

　金属は自由電子をもち，入射した電磁波によってこれらの自由電子の疎密波の集団振動が誘起される．この振動をプラズマ振動といい，プラズマ振動を量子力学的な準粒子と見なしたものがプラズモンである．金属はこのプラズマ周波数より低い周波数の電磁波をすべて反射するので金属光沢が観測される．媒質と金属の表面においては，金属中のプラズマ振動とは異なり，表面での境界条件を満たす別の集団振動が存在する．これを表面プラズモンとよぶ(図7.1)．境界面に沿って進行する自由電子の疎密波である．表面プラズモンの周波数が境界面の誘電体の屈折率に非常に敏感であることを利用すれば，表面の抗原抗体反応の定量など表面選択的な分析が実現できる．表面プラズモンを励起するためには，表面プラズモンの波数 k_{sp} と電磁波の波数 k が一致する必要がある．ここで表面プラズモンの波数は次のように表される．詳細は専門書を参照されたい．

$$k_{sp} = \frac{\omega}{c} \sqrt{\frac{\varepsilon_1 \varepsilon_2}{\varepsilon_1 + \varepsilon_2}} \tag{7.1}$$

ここで，ω は表面プラズモンの周波数，ε_1 と ε_2 はそれぞれ媒質および金属の誘電率である．

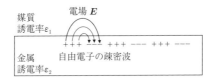

図 **7.1**　金属表面の自由電子の疎密波により発生する表面プラズモン

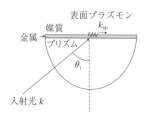

図 7.2 Kretschmann 配置による表面プラズモン共鳴の励起

　しかし，媒質から電磁波を金属表面に入射しても波数が一致する条件は得られない．そのために，表面プラズモンを励起するためのさまざまな方法が考えられてきた．金属表面に周期的な溝を形成したグレーティングカップラー法や，金属表面での全反射現象を利用した Kretschmann（クレッチマン）配置や Otto（オットー）配置などがあげられる．ここでは，最もよく用いられている Kretschmann 配置について説明する（図 7.2）．Kretschmann 配置では金属をガラスなどのプリズムの上に薄膜を形成する．よく用いられるのは金である．この金の薄膜に p 偏光に調整した励起光をある入射角で入射する．金の場合，可視光の領域において屈折率の実部は 1 未満となり，ガラスの屈折率が 1.5 程度であるので，ある入射角以上で界面において全反射する．次の条件を満たすとき，金属と媒質の表面に表面プラズモンを励起することが可能となり，この条件において励起光は吸収される．

$$k \sin \theta_i = \frac{\omega}{c} \sqrt{\frac{\varepsilon_1 \varepsilon_2}{\varepsilon_1 + \varepsilon_2}} \tag{7.2}$$

このとき，s 偏光の励起光では境界面における波数は誘電体中の波数と変わらないため表面プラズモンを励起することはできない．

　発生する表面プラズモン波は境界面に平行な波数をもった波であるため，表面に垂直な方向には指数関数的に減衰する．たとえばその減衰距離は 100 nm 程度となる．さらに，表面プラズモン共鳴が起こるための入射角 θ_i は媒質の誘電率（屈折率）に依存するため，表面プラズモンの共鳴条件を測定することによって表面 100 nm 近傍の誘電率（屈折率）を高感度に測定可能である．

7.2 表面プラズモン共鳴法の装置

　表面プラズモン共鳴法の装置では，共鳴を測定する方法で大きく2種類に大別される．一つ目は同一の波長で入射角 θ_i をスキャンすることによって，表面プラズモン共鳴が起こるための入射角を検出する方法である（図7.3）．測定結果は図のようになり，表面プラズモン共鳴が起こるところでp偏光である入射光の反射率が大きく減少する．もう一つの方法は，入射角 θ_i を固定しておき，分光器などで波長をスキャンすることによってプラズモン共鳴が起こる波長を測定する方法である（図7.4）．可動部が少なくて済むので装置が非常に小型かつシンプルになる利点がある．反射光の検出にイメージセンサーを利用すれば，二次元測定も可能である．

　表面プラズモン共鳴法によって測定可能な屈折率変化はおよそ 10^{-8} 程度になり非常に微小な変化を測定可能である．そのために，抗原抗体反応の定量や反応速度の解析など，分子認識可能な分子を金属表面に固定化することで表面選択的なバイオセンサーとして広く応用されている．また，薄膜の形式のみでなく，ナノ粒子（局在表面プラズモン共鳴）を用いた方法もある．

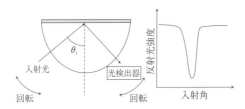

図 7.3　入射角のスキャンによる表面プラズモン共鳴法の測定装置

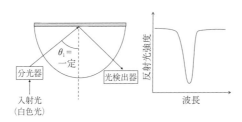

図 7.4　波長のスキャンによる表面プラズモン共鳴法の測定装置

8 原 子 分 光 法

　原子分光法(原子スペクトル法)は，目的元素を高感度かつ選択性高く測定する方法である．定量測定の基本原理は通常の吸光法や蛍光法と同様であるが，原子分光法の場合には，スペクトル線幅が狭いことを利用して，高感度，高選択性を実現している．本章では測定原理，装置，定量/定性分析での妨害要因などを中心に述べる．高温時の励起状態占有数や磁場中での原子吸光などの減少についても，計測原理と関連して述べる．

8.1　原子分光法の概要

8.1.1　定量・定性分析手法としての原子分光法

　原子分光法は，固体，液体などの試料中の目的元素濃度を，原子吸光，原子発光などの現象を用い，高感度かつ高選択的に計測する手法である．海水，河川水や土壌といった環境試料，鉄鋼やセラミックスなどの材料，鉱石などの地球化学試料，血液や植物組織などの生体試料など，幅広い試料に対して適用可能で，ppb レベルでの高感度計測が実現できる．

　原子吸光法の高い選択性は，元素特異的な極大波長をもち非常に狭い線幅の原子吸光線を利用することに由来する．原子状態は，振動や回転をもたないため，二つの電子状態間の遷移(電子遷移)を考える場合に，単一の吸光極大波長をもつ．この極大波長は原子のもつ核電荷，電子数，電子配置などに依存するため元素に特異的な値となる．また，原子吸光線のスペクトル線幅(半値幅)は，自然幅や原子の運動に由来する Doppler 幅，原子の衝突に由来する Lorentz 幅などの合算となり，典型的には $10^{-3} \sim 10^{-2}$ nm ($10^0 \sim 10^1$ pm) のオーダーである．原子分光法では，紫外・可視光領域の数百 nm の波長領域を分析に用いるので，他の元素の影響を受けない分析を実現できる可能性が高い．

　化学炎(フレーム)や黒鉛炉による 1000～3000 K 程度の温度を用いて原子状態を生成し，吸光を測定する原子吸光法(atomic absorption spectrometry：AAS)は原子分光法の代表例である．AAS では，一度の測定で一つの特定元素の定量

ができる.

　誘導結合プラズマ(ICP)を用いると原子吸光法より高温の 5000〜7000 K を実現できる. このような高温中では原子, イオンは熱的に励起状態をとりやすく, 原子発光法(AES あるいは OES)を高感度分析に用いることができる. 誘導結合プラズマによる原子発光法を, とくに誘導結合プラズマ-原子発光法(ICP-AES あるいは ICP-OES)とよぶ. ICP-AES では, 多波長の発光を計測することで多元素同時測定ができるため, 試料中に含まれる元素の構成などを調べる場合によく用いられる.

　ICP 中ではイオンを生成しやすく, 質量/電荷比を測定する質量分析(MS)と組み合わせて用いられることも多い. この方法は ICP-MS とよばれ, より高感度に試料中の元素の構成を調べられる方法である. MS では光を分析に用いるわけではないが, 広い意味での原子分光法に分類されることが多い.

　本章では, まず原子状態での吸光・発光現象を理解するうえで基礎的な事項について述べた後, AAS, ICP-AES, ICP-MS の原理と装置を説明する.

8.1.2　2 状態間の遷移と原子吸光, 原子発光

　3.1 節で説明したように, 原子のエネルギー準位はスペクトル項 $^{2S+1}L_J$ で表される($L=0, 1, 2, 3$ に対して記号 S, P, D, F). たとえば Na の電子配置 $1s^22s^22p^63s$ の基底状態のエネルギー準位は, $^2S_{\frac{1}{2}}$ のスペクトル項で表される. また, 電子配置 $1s^22s^22p^63p$ の状態には $^2P_{\frac{3}{2}}$ と $^2P_{\frac{1}{2}}$ の二つのスペクトル項で表される二つの近接したエネルギー準位が存在する. このうち, $^2P_{\frac{3}{2}}$ が 0.002 eV だけ高いエネルギーをもっている. $^2S_{\frac{1}{2}}{\rightarrow}^2P_{\frac{1}{2}}$ (2.103 eV)あるいは $^2S_{\frac{1}{2}}{\rightarrow}^2P_{\frac{3}{2}}$ (2.105 eV)の 2 準位間のエネルギー差に対応する光を吸収あるいは放出することで, 吸光, 発光が起こる.

　各元素のスペクトル線はハンドブックやデータベースに収録されている. たとえば, Al の場合, ハンドブック類には状態として Al I や Al II, Al XII などと記されている. Al I は基底状態が $1s^22s^22p^63s^23p$ ($^2P_{\frac{1}{2}}$)であるいわゆる原子状態を示し, Al II は $1s^22s^22p^63s^2$ ($^1S_0$)を基底状態とする状態(Al$^+$)を示す. 以後順に電子を減じていき, Al XII は $1s^2$ ($^1S_0$)を基底状態とする状態(Al^{11+})を表す.

8.1.3 原子化, イオン化

目的元素を金属元素 M として, 水溶液から原子化する過程を考えると, イオンとして溶解している金属イオンは高温により脱水される過程でハロゲンとの塩や酸化物, 水酸化物などを生成し, さらに解離して原子状態になる. さらに高温ではイオン化状態まで進行する. これらすべての状態の M の密度を n, 原子状態の M の密度を n_a とすると, 原子化効率 β は,

$$\beta = \frac{n_a}{n} \tag{8.1}$$

と定義される. 温度が上昇するに従って, 酸化物などからの解離は進行しやすくなる.

温度が上昇すると原子状態からのイオン化も進行しやすくなる. 成分 M のイオン化定数 S_M は次の Saha の式で表される.

$$S_M = \frac{n_i n_e}{n_a} = \frac{2(2\pi m k T)^{\frac{3}{2}}}{h^3} \frac{g_i}{g_a} \exp\left(-\frac{E_i}{kT}\right) \tag{8.2}$$

n_i はイオン密度, n_e は電子密度, E_i はイオン化ポテンシャル, k は Boltzmann 定数, T は絶対温度, h は Planck 定数, m は電子の質量である. g_a と g_i は原子/イオンの分配関数(同エネルギーに縮退している準位の数)であり, スペクトル項中の全角運動量 J を用いて $Z = 2J + 1$ と表される. 温度 T と電子密度 n_e がわかれば, イオン化率 α は

$$\alpha = \frac{n_i}{n_a + n_i} = \frac{1}{1 + (n_a/n_i)} \tag{8.3}$$

から計算できる. イオン化は, 温度上昇により促進され, 電子密度が高いほど抑制されることがわかる. 原子スペクトル法で用いられる 2000〜6000 K の温度域では, 温度上昇による効果は大きく, 高温側ではイオン化が進行する.

たとえば, 温度 2200 K の化学炎(アセチレン-空気フレーム)中の電子密度は $n_e = 10^9 \sim 10^{11}\,\mathrm{cm}^{-1}$ 程度であり, Na の第一イオン化エネルギー $E_i = 5.14\,\mathrm{eV}$, $T = 2200\,\mathrm{K}$, $n_e = 10^9\,\mathrm{cm}^{-3}$ とすると, $\alpha \sim 30\%$ となる(原子状態, イオン状態の基底状態のスペクトル項はそれぞれ, ${}^2S_{\frac{1}{2}}$, ${}^1S_0$ なので $g_i/g_a = 1/2$ である). また, 発光分析によく用いられる誘導結合プラズマ中の電子密度は, $n_e = 10^{14} \sim 10^{16}\,\mathrm{cm}^{-3}$ 程度であり, $T = 6000\,\mathrm{K}$, $n_e = 10^{14}\,\mathrm{cm}^{-3}$ とすると, Na のイオン化率は $\alpha \sim 99.8\%$ となる.

第一イオン化エネルギーの周期律からわかるとおり，アルカリ金属は最もイオン化エネルギーが低くイオン化しやすいが，2000 K 程度の化学炎中では数十 % 以上は原子状態にある．アルカリ金属よりイオン化エネルギーの高い遷移金属などは，化学炎中で大部分が原子状態にある．これに対して，誘導結合プラズマ中ではアルカリ金属のみならず遷移金属も大部分がイオン化されるため，イオンからの発光を計測に用いることも多い．

8.1.4 基底状態，励起状態

ある元素の原子状態の基底状態(状態 0)と一つの励起状態(状態 1)は熱平衡にある．その原子が多数個集まった集団を考えて，状態 0 と状態 1 の占有数をそれぞれ N_0, N_1 とし，状態間のエネルギー差を ΔE とすると，占有数の比は Maxwell-Boltzmann 分布に従い，

$$\frac{N_1}{N_0} = \frac{g_1}{g_0} \exp\left(-\frac{\Delta E}{kT}\right) \tag{8.4}$$

と表される．ここで g_0 と g_1 はその状態に縮退した準位の数 $(2J+1)$ であり統計的重率とよばれる．

たとえば $T=2000$ K の Na の電子配置 $1s^2 2s^2 2p^6 3s$ の基底状態 $^2S_{\frac{1}{2}}(g_0=2)$ と，電子配置 $1s^2 2s^2 2p^6 3p$ の状態 $^2P_{\frac{3}{2}}(g_1=4)$ を考えると，そのエネルギー差は 2.105 eV であり，$N_1/N_0 = (4/2)\exp\{-2.105/(8.617 \times 10^{-5} \times 2000)\} = 9.92 \times 10^{-6}$ であり，10^5 原子に 1 原子が励起状態にある．化学炎の温度範囲では，十分多数の原子が基底状態にあり，基底状態から励起状態への遷移に伴う吸光を測る原子吸光法が適用可能であることがわかる．

これに対して，$T=6000$ K の Na^+ の電子配置 $1s^2 2s^2 2p^6$ の基底状態 $^1S_0(g_0=1)$ と，電子配置 $1s^2 2s^2 2p^5 3s$ の状態 $^1P_1(g_1=3)$ を考えると，そのエネルギー差は 4.113 eV と大きいが，$N_1/N_0 = (3/1)\exp\{-4.113/(8.617 \times 10^{-5} \times 6000)\} = 1.05 \times 10^{-3}$ であり，10^3 原子に 1 原子が励起状態にある．励起状態から基底状態への遷移に伴う発光を測る発光法では，励起状態にある原子(イオン)数が多いほど多数の光子を放出するため，高温ほど高感度となる．

8.2 フレーム原子吸光法

8.2.1 フレーム原子吸光法の原理と装置

　一般的なフレーム原子吸光法の基本的な装置構成を図 8.1 に示す．光源部，試料原子化部，分光部，光検出部からなる．原子吸光線計測用の光を発生する中空陰極ランプを光源として用いる．試料溶液は，噴霧器でエアロゾル化した試料を燃料ガスと予混合し，バーナーの炎の中で原子化する．この炎の中に光を通過した光強度を，波長選択・バックグラウンド低減した後に，光電子増倍管などの光検出器で測定する．目的元素濃度 C の吸光度 A は，Lambert-Beer 則に従い，入射光強度を I_0，透過光強度を I，透過率を T，光路長を l として，

$$A = -\log \frac{I}{I_0} = -\log T = kCl \tag{8.5}$$

と表される．ここで k は，試料のフレーム中への導入効率，原子化効率，イオン化効率により定まる比例定数である．通常の吸光法と同様，濃度を横軸，吸光度を縦軸として直線の検量線が描ける．

a. 光源部

　スペクトル線幅の非常に狭い原子吸光線を分析に利用するためには，通常のランプ光源（連続光源）とモノクロメーターを組み合わせた光を用いることは適切でない．図 8.2(a)のような通常のモノクロメーターで単色化した光は，$10^{-1}\sim10^{0}$ nm の線幅をもち，スペクトル線幅 $10^{-3}\sim10^{-2}$ nm の原子吸光線を計測するには適切でない．このような光を用いた場合，図 8.2(b)のように原子吸光線による吸

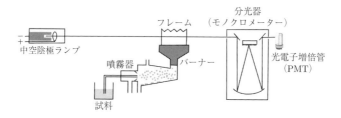

図 **8.1**　フレーム原子吸光法の装置の例

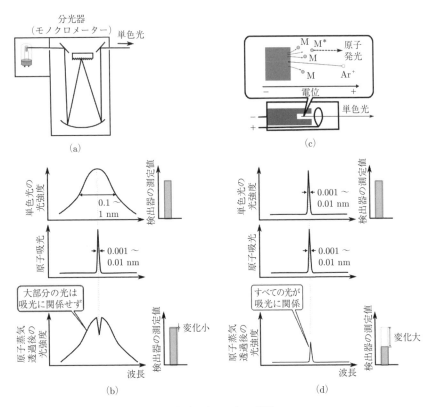

図 **8.2** 原子分光法が元素選択的分析法であることの説明
(a)通常の連続光源を利用した単色光光源の例.(b)(a)で示した光源を利用して原
子吸光を測定した場合.(c)原子発光を単色化生成原理に用いる中空陰極ランプの
例.(d)原子発光により原子吸光を測定することにより元素選択的かつ高感度に分
析ができる.

収が大きく変化しても,大半の光は原子吸光線と関係のない波長の光であるた
め,光検出部で検出される光強度はほとんど変化しない.そこで,原子吸光分析
には図8.2(c)に示す中空陰極ランプの光を用いる.中空陰極ランプは,目的元素
を含む合金や化合物を陰極として用い,Ar や Ne を封入ガスとした放電型の光
源である.放電により生成した貴ガスイオン(正電荷)は,加速されて陰極に衝突
し,目的元素が電極から脱離して原子,イオンになる.このうち一部は原子の励

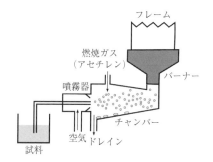

図 **8.3**　噴霧器，チャンバー，バーナーなどからなる原子化部の例

表 **8.1**　代表的な化学炎の温度

気体の組合せ	最高温度/K
アセチレン　空　気	2400〜2700
アセチレン　一酸化二窒素	2900〜3100
水　素　　　空　気	2300〜2400

起状態として脱離するので，原子発光が観測される．この原子発光線の波長は，目的元素の原子吸光線の波長と一致する．また，陰極表面での温度は数百 K 程度であり，2000 K 以上の原子化部と比べて低温であり，線幅は原子状態になった試料中目的元素の原子吸光線より狭い．このような光を光源に用いると，図8.2(d)のように線幅の狭い光で線幅の狭い吸収線を測るので，吸光に関係しない光が存在せず高感度かつ高選択的に原子吸光線を計測できる．

　中空陰極ランプは元素ごとに用意する必要がある．ランプ交換をせずに複数の元素を測定するために，通常の原子吸光装置には数本のランプが装着可能であり，ランプを切り替えながら複数の目的元素の測定が可能である．

b.　試料原子化部

　図8.3に原子化部の概略を示す．試料溶液は，まずチューブを通して噴霧器でエアロゾル状にしてチャンバー内に導入される．チャンバー内では，粗い粒子を下方のドレインから除去し，燃料ガスとエアロゾル試料を混合する．その後，試料はバーナーの化学炎中で原子化される．原子化に用いられる代表的化学炎の種

類とその温度を表8.1に示す．中空陰極ランプからの計測光を，この化学炎中を通し試料中の目的元素の吸光を測る．

c. 検 出 部

炎を通過した計測光から，Czerny-Turner型分光器節などにより炎のバックグラウンドや計測する波長以外のスペクトル線を除去した後，光電子増倍管で光量を計測する．

8.2.2 フレーム原子吸光法の測定

フレーム原子吸光法では試料として溶液を用いることが多い．液体の試料はそのまま導入できるが，固体の試料を用いる場合には，試料の粉砕や，酸分解法，加圧酸分解法，マイクロ波加熱分解法などにより，完全に溶解させてから試料として用いる．単純な定量分析では，検量線溶液測定によりLambert-Beer則の式(8.5)の試料導入効率，原子化効率，イオン化効率などを含んだ係数kを定め，試料測定の吸光度から，試料溶液中の目的元素濃度を決める．検量線溶液と試料溶液の間でkが異なったり，どちらかにオフセットがあるような場合には，系統誤差が発生し，正しい分析値が得られないことがある．原子分光法では，このような実験条件の設定や試料の特性により系統誤差を与える現象のことを「干渉」とよび，その要因ごとに物理干渉，化学干渉，イオン化干渉，分光干渉などとよぶ．正しい分析値を得るためには，このような干渉を排除，補正するような試料調整(検量線溶液調整)が必要になる．

8.2.3 フレーム原子吸光法における干渉

a. 物 理 干 渉

フレーム原子吸光法の試料溶液は，先端を細く加工したチューブからチャンバー中に霧吹きのように吹き出してエアロゾル化する．このようにして生成するエアロゾルの液滴の大きさには，溶液の粘度と表面張力が強く影響する．粗い(大きい)液滴は，バーナー前のチャンバーで落下して除去されるために，測定試料間で液滴サイズの分布に差がある場合，試料導入効率に影響を与える．同様に，試料の密度が異なる場合もチャンバー内で落下する液滴サイズに差が生じる

ため，試料導入効率に影響が出る．このように，試料溶液の粘度，表面張力，密度などの物性の影響により，試料導入効率を通して系統誤差が生じることを物理干渉とよぶ．

たとえば，鉄鋼中の Cu を定量しようとする場合，試料を酸分解法により調整すると，Fe や分解に用いた酸が大量に溶解する．このような状況で，Cu の標準溶液のみを純水で希釈して検量線溶液を作成すると，試料溶液と検量線溶液で大きく物性が異なるため物理干渉が起こる可能性が高い．

物理干渉を避ける手段には，試料中の主成分(上の例では Fe と酸)の濃度を一致させた検量線溶液を調整し，試料導入効率を一定にするマトリクスマッチングがある．また，測定したい試料濃度が定量下限に比べて十分高い場合には，物理的性質が純水に近い状態になるまで試料を希釈することも有効である．

b. 化 学 干 渉

目的元素がフレーム内で共存成分と反応して難解離性(耐熱性)の塩・化合物を生成し，原子化効率に影響を与える現象を化学干渉とよぶ．たとえば，Mg に Al が共存するとスピネル($MgAl_2O_4$)が生成し，Mg の原子化が妨げられる．この場合，La 塩を試料に加えると Al と La が優先して混合酸化物を生成するため，Mg が影響を受けなくなる．

c. イオン化干渉

8.1.3 項で述べたように，イオン化エネルギーの低い元素はフレーム中で一部がイオン化する．イオン化は電子密度に影響を受けるので，イオン化しやすい共存成分の影響で目的元素のイオン化率が変化する現象をイオン化干渉とよぶ．たとえば，K を共存元素として含む試料中の Ba を目的元素とするとき，イオン化しやすい K の濃度が変動すると，Ba のイオン化効率が変化して系統誤差が生じる．これを防ぐには，イオン化しやすい K の濃度が一定となるように，K を一定量過剰に試料に加える方法が有効である．

d. 分 光 干 渉

目的元素のスペクトル線に共存成分の近接したスペクトル線が影響を及ぼし，系統誤差を生じる現象を分光干渉とよぶ．たとえば，Hg の 253.652 nm のスペクトル線を用いて定量を行う場合に，Co の 253.649 nm のスペクトル線が影響を及

ぼす．これを避けるには，共存する元素の吸収線を避けたスペクトル線を選択するか，影響を与える成分を前処理で取り除くことが有効である．

　また，フレーム中の分子による吸収は，原子吸収に比べてブロードな吸収となり，分析するスペクトル線のバックグラウンドとなることがある．これを避けるには8.4節で説明するバックグラウンド補正法が有効である．

8.3　フレームレス原子吸光法

8.3.1　フレームレス原子吸光法の原理と装置

　原子化部に化学炎を用いず，黒鉛炉などを用いて原子化を行う方法をフレームレス原子吸光法とよぶ．原子化部以外の装置はフレーム原子吸光法（図8.1）と同様である．典型的な原子化部は，図8.4(a)のように流通用の開口をもった円筒型のグラファイト管，加熱用の電流を流す電極，分析光を透過する光学窓，分析部以外を冷却する循環冷却流路などから構成される（図8.4(b)）．試料はグラファイト管に直接導入するため，溶液試料のみならず，難解離性物質でなければ固体試

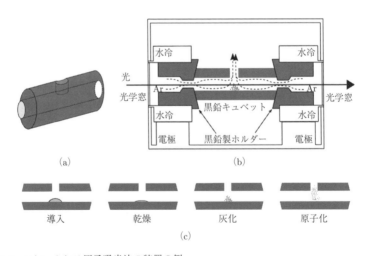

図 8.4　フレームレス原子吸光法の装置の例
　　(a)黒鉛炉（グラファイト管）．(b)原子化部．(c)試料導入，乾燥，灰化，原子化の
　　各過程．

料を直接導入可能である．不活性ガスを低流量で流通させながらグラファイト部分を電気抵抗加熱すると，温度上昇に伴い，試料が乾燥，灰化，原子化される（図 8.4(c)）．灰化段階では，塩の分解，低沸点化合物の蒸発，安定化合物の生成などが起こる．

8.3.2　フレームレス原子吸光法の測定

　一定濃度の試料が連続供給されるフレーム原子吸光法では吸光信号がある一定値で安定するのと異なり，フレームレス原子吸光法では最初に導入した試料が原子化された後に管外に排出されるバッチ式であり，パルス状の吸光信号が得られる．乾燥，灰化，原子化，排出，冷却という段階を経る温度プログラムの例を図 8.5(a)に示す．そのときの原子吸光信号の様子を図 8.5(b)に示す．原子化の温度（1500〜2500℃）のときに信号が立ち上がり，原子蒸気が測定領域に留まる間は信号が得られ，排出とともに信号が減衰する．このときのピーク高さ，あるいはピーク面積を信号値として定量を行う．

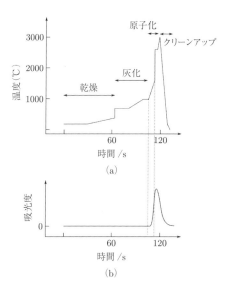

図 **8.5**　フレームレス原子吸光の測定の例
　　　　(a)温度プログラム．(b)吸光度の変化．

8.3.3 フレームレス原子吸光法における干渉

　液体試料の場合には，黒鉛炉内部での試料の広がりや黒鉛炉壁面への浸し込みにより，信号ピーク形状が異なる物理干渉が起こることがある．これを避けるために，黒鉛炉内表面に酸化チタンなどの処理（パイロ化）を施したものを用いる．

　化学干渉は主に二つある．一つは，灰化過程で金属ハロゲン化物などの揮発性化合物を生成することによる干渉である．これは，硝酸，硫酸などのオキシ酸による処理などで避ける．二つめは，耐熱性のカーバイド（炭化物）の生成である．Ba，V，Mo などは安定なカーバイドを生成する．これを避けるためには，黒鉛炉面にカーバイドを生成しやすい W のシートを貼り付ける．

　高濃度のアルカリ金属・アルカリ土類金属塩化物が存在すると，二原子分子による幅広い吸収が 200～300 nm の広い範囲で観察される．8.4 節で説明するバックグラウンド補正法が必要となる．

8.4 原子吸光法のバックグラウンド補正法

8.4.1 バックグラウンドの要因と対策

　高温により試料から原子蒸気を生成するときには，同時に二原子分子を代表とする多原子分子が生成する．高温の多原子分子はスペクトル線幅の広い吸収を与えるため，図 8.6 のように，目的元素の吸光度 S にバックグラウンドの吸光度 B が加わり，$S+B$ の信号が観測されることがある．このような場合，知りたいのは目的元素の吸光度 S であるので，B を除いた信号を得ることが必要となる．代表的なバックグラウンド補正法には，重水素ランプ補正と Zeeman（ゼーマン）補正がある．本節では，この二つについて説明する．

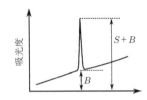

図 8.6　バックグラウンドの影響を受けた原子吸光線の例

8.4.2 重水素ランプ補正

図 8.2(c)で示したスペクトル線幅の狭い中空陰極ランプを用いると，吸収線の波長での吸光度が選択的に測れるが，バックグラウンドが存在する場合には $S+B$ となることは避けられない．ここで，図 8.2(a)のような重水素ランプの連続光の中から得られる線幅 0.1〜1 nm の単色光の中心波長を吸収線に合わせ，図 8.6 のような状況を測ると，原子の吸収線幅は十分狭いため，広い線幅の光の増減にほとんど影響を与えず，バックグラウンド吸光度 B が得られる．装置を工夫して，中空陰極ランプからの光と，重水素ランプから単色化した光を同一光路で切り替えながら測定すると，前者からは $S+B$ が，後者からは B が得られるので，その差から S が得られる．分子の吸収線も十分広く，重水素ランプで測定する波長範囲で吸光度が多少傾いても，中心波長を原子吸収線(あるいはその近傍)に併せておけば，その波長における(平均的)バックグラウンドと考えることができる．このようにしてバックグラウンドを補正する手法を重水素ランプ補正とよんでいる．

8.4.3 Zeeman 補正

原子蒸気に磁場がかかっていない($H=0$)場合，スペクトル項の全角運動量 J の準位には，$2J+1$ 個の状態が縮退している．磁場のある($H \neq 0$)場合には，縮退していた $2J+1$ 個の状態は，磁場方向成分ごとに $M=-J, -J+1, \cdots, J-1, J$ と $2J+1$ 個の異なるエネルギー準位に分裂する．磁場中での二つのエネルギー準位間の吸光を考えると，遷移則は

$$\Delta M = 0, \pm 1 \qquad (ただし，\Delta J=0 \text{ のとき } M=0 \leftrightarrow M'=0 \text{ は禁制})$$

である．$\Delta M=0$ の遷移(π 成分)は磁場に並行に，$\Delta M=\pm 1$ (σ 成分，$\Delta M=+1$ のとき σ^+，$\Delta M=-1$ のとき σ^-)は磁場に垂直に偏る．このため，入射光の偏光方向が磁場に平行の場合 π 成分に，垂直の場合 σ 成分に偏って吸光が起こる．

まず $S=0$ の場合(正常 Zeeman 効果)を考えると，H を印加することによる磁場がない場合に比べたエネルギー準位の変化 ΔE は，磁気モーメント μ_H を用いて，

$$\Delta E = -\mu_H \cdot H = \frac{ehH}{4\pi mc} M \tag{8.6}$$

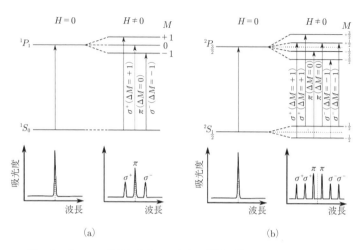

(a)   (b)

図 **8.7**　Zeeman 効果によるスペクトル分裂の例
　　(a)正常 Zeeman 効果の場合.　(b)異常 Zeeman 効果の場合.

と表される. e は電気素量, h は Planck 定数, m は電子の質量, c は光速である. たとえば, ${}^1P_1$ を考えると, $J=1$ であり, $M=-1,0,1$ となり, 図 8.7(a)のように三つに分裂する. 一方で, ${}^1S_0$ は $J=0$ であり, 分裂しない. ${}^1S_0 \rightarrow {}^1P_1$ で考え得る三つの遷移は, すべてエネルギーが異なり, 許容である. π 成分は, 磁場がない場合の原子吸光線と同じ波長の吸収線であり, 磁場の印加により吸光が減少する. σ 成分は, 磁場印加により新たに現れる吸収線であり, 磁場を大きくすると ΔE が大きくなるので, 磁場がない場合の吸光線から大きくシフトしていく.

　$S=0$ でない場合(異常 Zeeman 効果)に分裂する準位 $(J \neq 0)$ について, エネルギー準位の変化 ΔE

$$\Delta E = -g \cdot \mu_H \cdot H = g\frac{ehH}{4\pi mc}M \tag{8.7}$$

である. g は Lande(ランデ)の g 因子とよばれ,

$$g = 1 + \frac{J(J+1)+S(S+1)-L(L+1)}{2J(J+1)} \tag{8.8}$$

で与えられる. たとえば, ${}^2S_{\frac{1}{2}}$ では $g=2$ に対して, ${}^2P_{\frac{3}{2}}$ では $g=4/3$ となり, 図 8.7(b)に示すように ${}^2S_{\frac{1}{2}}$ に比べて ${}^2P_{\frac{3}{2}}$ の磁場による分裂幅は小さくなり,

$M=-1/2$ からの π 成分, σ^+ 成分, σ^- 成分が, $M=-1/2$ からの π 成分, σ^+ 成分, σ^- 成分に一致しないため 6 本の吸収線が現れる.

これまで考えてきた Zeeman 効果を原子吸光法のバックグラウンド補正に用いるには, 一定偏光を原子化部に通した状態で, 電磁石により磁場強度を変調する方法などがある. この場合, 偏光方向を磁場に垂直状態に設定しておくと, 磁場を印加しない場合には, 通常の原子吸光線が図 8.7(a)および図 8.7(b)の下部左側のように測定される(図 8.6 の状況でいえば, $S+B$). これに対して, 磁場を印加した場合, σ 成分に偏って吸光が起こるため, 吸光度が減少する(図 8.6 の状況でいえば, B であるが, S の一部が一定の比率で残っていてもよい). つまり, 磁場の on/off による吸光度変化は目的元素の Zeeman 効果によるものであり, バックグラウンドとなっている分子線などは変化しないため, この吸光度変化分を使って定量を行うと, バックグラウンドの影響を受けない分析が可能となり, 正しい定量値が得られると同時に高感度化が達成される.

8.5　誘導結合プラズマ-原子発光法

8.5.1　誘導結合プラズマ-原子発光法の原理と装置

原子状態あるいはそのイオン化した状態からの発光を, ここでは原子発光とよぶ. この原子発光は高感度な元素選択的分析法に用いることができる. 原子吸光の場合, 8.1.4 項で説明したように多くの原子が基底状態にあり, 観測される吸光線は, 最も安定な基底状態から複数ある励起状態への遷移を分析に使う. これに対して, 原子発光では励起状態にある原子が原子吸光線と同じ波長の光を放出して基底状態に遷移する過程に加えて, よりエネルギーの低い励起状態に遷移する過程もあるので, スペクトル線は多くなる. 式(8.4)で示したように, 温度が高いほど励起状態の占有数が増えるので高感度となる. 高温な状態を生成するためには, 誘導結合プラズマ(inductively coupled plasma: ICP)などが用いられる. ICP では, 6000〜10000 K という温度が実現可能である. 8.1.3 項で説明したように, このような高温ではイオン化が進行しやすいので, 分析線はイオンからの発光であることが多い.

ICP を用いて原子, イオンからの発光を分析する手法を誘導結合プラズマ-原子発光法(ICP-atomic emission spectrometry: ICP-AES)あるいは誘導結合プラ

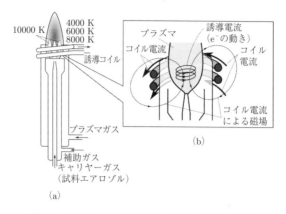

図 **8.8** ICP トーチの概要(a)と ICP の発生原理(b)

ズマ-発光法(ICP-optical emission spectrometry：ICP-OES)とよぶ．原子吸光の
場合と同様に，噴霧器でエアロゾル化した試料を後述する ICP トーチに導入す
る．燃料に用いる気体(典型的には Ar)の流量が多いことと，高温プラズマの利
用により高感度であることから，微小試料量から分析が可能となるように，クロ
スフロー型噴霧器や超音波噴霧器など，試料導入効率の高い噴霧法が用いられ
る．

　図 8.8 に ICP を生成する ICP トーチの概要と ICP の発生原理を示す．トーチ
下部は三重管構造となっており，内側から試料エアロゾルを Ar ガスにのせて運
ぶキャリヤーガス，Ar フローによりプラズマをトーチから浮かせる補助ガス
(起動時はスパークによる点火)，トーチを冷却しプラズマの原料 Ar を供給する
プラズマガス(冷却ガス)である．トーチ上部には，誘導コイルが設置されてい
る．

　プラズマ中では，Ar の一部が Ar^+ と e^- に電離しており，電離の程度が高い
ほど高温のプラズマである．ICP では，プラズマを高温化するために誘導コイル
に 20～60 MHz の高周波電流を流す．電流がコイル中を反時計回りに流れると
き，コイル内部で下から上へ磁場が発生する．この磁場により e^- が時計回り方
向に加速されて Ar と衝突を繰り返し，Ar^+ と e^- を生成することによりプラズ
マが高温化する．プラズマ生成原理により，電子が最もよく加速される円周上で
は温度が 10000 K に達し，その内側では 8000 K 程度となる．エアロゾル試料

は，プラズマ表面ではじかれることがあるが，この場合高温から低温側にはじかれるため，プラズマ中心部に優先的に試料導入される．

8.5.2　誘導結合プラズマ–原子発光法の測定と干渉

ICP に導入された元素は，原子化がさらに進んでイオン化されて，その一部は熱的に励起状態となり発光する．ICP-AES では複数のさまざまな波長の発光線が現れる．ICP 中心部の光を分光器に導き，単一の波長を選択して光電子増倍管で光量を計測する検出法と，CCD などのアレイ検出器を設置しさまざまな波長の発光を一斉に計測する検出法がある．前者は，特定の元素を広いダイナミックレンジで低濃度まで直線性高く計測できる．後者は，多元素同時定量が実現できる．ICP 中では，多くの元素がイオン状態にある．実際 Mn，Fe，Co などではイオン線が分析に適している．これに対して Li，Na，K などは，イオン状態からの励起状態の生成しやすさも含めて考えると，原子状態（中性原子）のほうが分析に適している．元素によって分析に適したスペクトル線を選ぶ必要がある．

ICP-AES では，フレーム原子吸光法と同様，噴霧器によるエアロゾル生成時の物理干渉が起こることがある．化学干渉は，高温プラズマを用いるため一般的に起こりにくい．イオン化干渉について，ICP では Ar から大量の e^- を安定して生成しており，マトリクスのイオン化による電子密度の変化は小さく，イオン化干渉は起こりにくい．ただし，原子状態が少量ながら分析線に適している Na や K などの場合，マトリクスによるイオン化干渉を受けるので注意が必要である．ICP からは目的元素からだけでなく，プラズマによる発光，試料中に含まれる C，O，N，H の化合物からの発光など多くの発光線が現れるため，分光干渉を受けやすい．これを避けるためには，マトリクスマッチングや複数の発光線から干渉の程度を補正する方法などによる補正が必要となる．

8.6　誘導結合プラズマ–質量分析法（**ICP-MS**）

ICP 中ではイオンを生成しやすく，質量/電荷比を測定する質量分析（mass spectrometry：MS）と組み合わせて用いられることも多い．MS の詳細は工学教程『分析化学Ⅲ』3 章を参照すること．この方法は ICP-MS とよばれ，試料中の多くの元素の構成を，数〜数十 ppt の低濃度まで測定できる高感度な方法である．

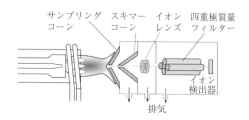

図 **8.9**　ICP-MS の装置の例

　その装置は，図 8.9 に示すように ICP の軸方向にサンプリングコーン，スキマー
コーンなどからなるインターフェース部，四重極質量フィルター，イオン検出器
からなるイオン分析部からなる．インターフェース部では，大気圧から質量分析
が可能な程度（数百 Pa）まで，イオンを引き込みながら全体圧を段階的に減圧し
ていく．ICP-MS は，非常に高感度に多元素同時計測ができるため，元素構成の
変化を数多く測る必要があるような環境分析などでよく使われる．

　ICP-MS では，物理干渉，化学干渉は ICP-AES と同様である．ICP ではイオ
ン化効率が高く，MS では励起状態は必要となるため，イオン化干渉はほとんど
起こらない．ICP 中には Ar や O，Cl，H など多様な元素が存在するため，イン
ターフェース部，質量分析部で化合物イオンとなり，分光干渉がよく起こる．た
とえば $^{36}Ar^{16}O^+$ は $^{52}Cr^+$ を測定する際の干渉イオンになる．これを避けるため
には，質量分析の前にインターフェース部に低速粒子を導入し，加速したイオン
と衝突させて分子イオンを解離させるなどの方法が有効である．

9 X 線 分 光 法

　X線を物質に照射すると，X線のもつエネルギーが物質に与えられ，物質内の電子がさまざまな励起を起こす．さらに電子励起に伴ってできた正孔(ホール)を埋めるために，高いエネルギー準位の電子がさまざまな過程の緩和を起こし，光を発生する．そのような入射X線の吸収や，物質からの発光・蛍光が物質の電子構造と密接に関わっている．つまり，X線を物質に照射した際の吸収や，物質から出てくる光を分光することにより物質の原子構造と化学結合を反映したスペクトルを得ることができる．本章ではそのようなX線を用いた分光法について述べる．

9.1　X 線吸収分光法(**XAS**)

9.1.1　電子構造の基礎

　X線分光はX線と物質との相互作用を反映している．そのX線と物質との相互作用を理解するうえで物質の電子構造をイメージすることが不可欠である．図9.1にはAlの電子構造の模式図を示している．物質の電子構造を図示する際にさまざまな形式が用いられる．たとえば，図(a)は原子核を中心として，電子が衛星のように原子核の周辺を公転している模式図である．これは実空間の描像であり，Alの原子核が規則正しく並んで結晶を構成しており，原子核からの距離は空間的な距離も近似的に表している．1s軌道は原子核に近く結合に関与しないのに対し，3s軌道や3p軌道は原子核から遠いので結合に関与することが直感的に理解できる．

　図9.1(b)はエネルギー軸を用いて電子構造を表している．バンド図(もしくはレベル図)や状態密度(density of states：DOS)などがある．バンド図やDOSは電子状態計算によって理論的に得ることもできる．図(b)は電子状態計算によって得たAlのDOSである．DOSはバンド図をエネルギー軸に投影したものであり，エネルギーと状態密度(単位：状態/エネルギー)の軸で表される．状態密度が高いということは，そのエネルギー領域に存在するバンド＝波動関数(つまり電子

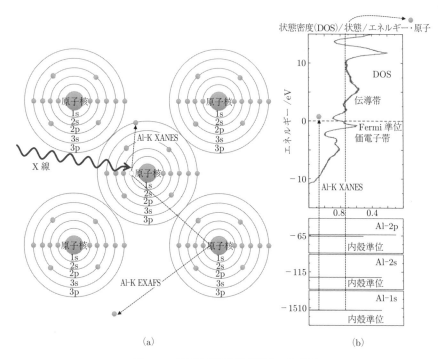

状態密度(DOS)/状態/エネルギー・原子

(a)   (b)

図 **9.1** Al電子構造と電子遷移の模式図

が存在できる状態)の数が多いことを示している.

たとえば Al の場合,Fermi(フェルミ)準位(図ではゼロ eV に合わせている)
まで電子が占有しており,それ以上の準位は非占有である.Fermi 準位から十
数 eV 下までのバンド(分子の場合は軌道)のことを,結合に関与するという意味
で価電子帯といい,Fermi 準位より上のバンドのことを,電子が入ると電気伝
導に関与するという意味で伝導帯という.

価電子帯上端(valence band maximum:VBM)は分子軌道法でいう最高占有軌
道(最高被占軌道,highest occupied molecular orbital:HOMO)に,伝導帯下端
(conduction band minimum:CBM)は最低非占有軌道(最低空軌道,lowest unoc-
cupied molecular orbital:LUMO)に対応しており,VBM と CBM のエネルギー
差をバンドギャップとよぶ.これら価電子帯と伝導帯は主に空間的に広がった軌
道によって構成される.さらに,DOS はすべての状態密度(全状態密度)である

が，その中の成分を知ることができるのが部分状態密度(partial density of states：PDOS)である．PDOSから各状態がどの元素のどの軌道で構成されているのかを知ることができる．たとえばAlの場合，Alの価電子帯は3s軌道と3p軌道によって構成されているのに対し，3d軌道はほとんど価電子帯に寄与しない．

　図9.1(b)では価電子帯よりさらに低エネルギー側にある準位も示している．Alの2p軌道は−65eV付近に，2s軌道は−118eV付近に現れる．さらに低エネルギー側の−1510eV付近にはAlの1s軌道が現れる．これら低エネルギー側にある軌道は図(a)で表されているように原子核の極近傍に局在しているため，互いに相互作用しない．そのため，価電子帯と異なりバンド幅も非常に狭く，ほぼ線状である．さらにこれらの軌道は物性や結合には直接に関与しない．このような原子核近傍に局在する軌道のことを内殻軌道という．

9.1.2　X線と物質との相互作用の基礎

　次に，X線と物質との相互作用について考えてみる．X線のような高エネルギーの電磁波が物質に照射された場合，大きく分けて弾性散乱と非弾性散乱が生じる．X線のもつエネルギーが物質に移動することなく生じる相互作用が弾性散乱であり，また物質内部で何らかの現象が発生してX線のエネルギーを消費するのが非弾性散乱である．各現象に見合った確率で非弾性散乱が生じており，弾性散乱と非弾性散乱が共存している．弾性散乱したX線は主に回折や透過像の観察に用いられる(Bragg(ブラッグ)回折や透過したX線にも非弾性散乱の寄与はある)．一方で非弾性散乱には物質とX線の間で生じた相互作用に関する情報が含まれている．

　非弾性散乱におけるX線と物質との相互作用の模式図を図9.2に示す．非弾性散乱においてはX線のもつエネルギーが物質に移動する．つまり，物質内部でX線のエネルギーを消費するような現象が生じる．価電子帯から伝導帯への集団励起や，格子振動を伴う価電子のプラズモン励起では数eV〜数十eVのエネルギーを消費する．一方で内殻にある電子が励起する場合には内殻軌道の準位に相応したエネルギーが消費される．たとえばAlの1s軌道の電子励起では約1560eVのエネルギーが，Al 2p軌道からの電子励起では約70eVのエネルギーが消費されることになる．

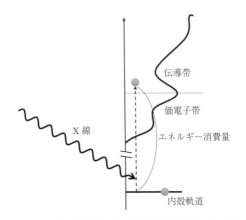

図 **9.2**　X 線と物質の相互作用と電子遷移の模式図

　また，X 線によって励起された電子の行き先もさまざまである．伝導帯にいくものもあれば，原子核からの束縛を逃れ，物質の外部に出る電子もある．物質の外に飛び出した電子は光電子とよばれ，光電子分光法（X-ray photospectroscopy：XPS）に用いられる（XPS については工学教程『分析化学Ⅲ』を参照のこと）．伝導帯へ励起する電子が，本章で主に扱う X 線吸収分光法（X-ray absorption spectroscopy：XAS）を与える．

9.1.3　電子の遷移確率と電子遷移の選択則

　XAS スペクトルに現れる各ピークの強度は，内殻軌道から伝導帯への遷移確率によって決まる．電子の遷移確率は Fermi の黄金律により以下で与えられる[1]．

$$I \propto \sum_{i,f} |\langle \Phi_f | \sum_j \exp(ie \cdot r_j) | \Phi_i \rangle|^2 \delta(\hbar\omega - E_f + E_i) \tag{9.1}$$

"〈","〉" はブラケットとよばれ，全空間の積分を表現するのに用いられる．Φ_f，Φ_i はそれぞれ電子が遷移した後の終状態と，電子が遷移する前の基底状態の全電子波動関数．E_f および E_i は各状態における系の全エネルギー．$\hbar\omega$，e は遷移エネルギー，X 線の電場ベクトル，試料内の r_j は j 番目の電子の位置である．δ は Kronecker（クロネッカー）のデルタである．

　全電子波動関数を正確に得ることは困難であるため，式(9.1)は 1 電子波動関

数 ϕ_f, ϕ_i を用いて表すことが一般的である．exp 項を展開すると以下のように近似することが出来る．

$$I \propto \sum_{i,f}\left(|\langle\phi_f|\boldsymbol{e}\cdot\boldsymbol{r}|\phi_i\rangle|^2 + \frac{1}{4}|\langle\phi_f|(\boldsymbol{e}\cdot\boldsymbol{r})(\boldsymbol{k}\cdot\boldsymbol{r})|\phi_i\rangle|^2\right)\delta(\hbar\omega-E_f+E_i) \tag{9.2}$$

ここで，$\boldsymbol{r}$ は試料内の電子の位置ベクトル，$\boldsymbol{k}$ は入射 X 線の波数ベクトルである．式(9.2)の（　）内の第 1 項は電気双極子遷移，第 2 項は電気四重極子遷移項である．多くの場合四重極子遷移の確率は小さいため，電気双極子遷移のみを考えて以下のように表すことができる．

$$I \propto \sum_{f}|\langle\phi_f|\boldsymbol{e}\cdot\boldsymbol{r}|\phi_i\rangle|^2\delta(\hbar\omega-E_f+E_i) \tag{9.3}$$

　式(9.2)では遷移確率が左辺の式と比例関係にあり，単位は自明でないが，実際の電子遷移 I は吸収断面積という面積の単位をもった値であり，cm^2 や barn $(1\times10^{-28}\,m^2)$ で表される．式(9.3)もブラケットの前に Planck 定数などの定数や測定条件に関する値を入れることで面積の単位にすることができる．

　ここで，この I がゼロでない値をもつためには，ブラケットの中身 $\langle\phi_f|\boldsymbol{e}\cdot\boldsymbol{r}|\phi_i\rangle$ の積分がゼロにならないようにしなければならない．I がゼロにならないための波動関数から "選択則" を知ることができる．ここで，ブラケットの中の $\boldsymbol{e}\cdot\boldsymbol{r}$ 項は奇関数であるため，I がゼロにならないためには終状態と始状態の波動関数 ϕ_f, ϕ_i が偶奇（もしくは奇偶）の組合せになる必要がある．たとえば，s 軌道は偶関数であるため，s 軌道からの電子遷移がゼロでない値をもつ（$I\neq0$）ためには終状態の波動関数は奇関数，つまり p 軌道である必要がある．同様に，p 軌道の電子は s 軌道および d 軌道に遷移することができ，d 軌道の電子は p および f 軌道に遷移することができる．このような関係から，始状態の波動関数の方位量子数と終状態の波動関数の方位量子数の差 Δl が ±1 になる必要があることがわかる．これが電子の電気双極子遷移の選択則である．同様に，式(9.2)の第二項目の電気四重極子遷移における選択則は Δl が ±2 および 0 となる．次にこのような電子遷移で生じる XAS と電子構造との相関性について触れる．

9.1.4　吸収端と電子構造との相関性

　上記のような内殻電子の電子遷移によって消費されるエネルギーは内殻軌道の固有値と伝導帯の固有値との差に近似して考えることができる．いま，単色の

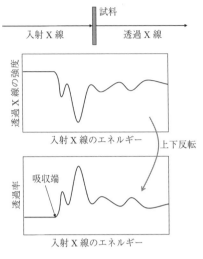

図 **9.3** 吸収端の模式図

X 線を Al 試料に照射し，入射する X 線のエネルギーを変えつつ試料から透過する X 線強度を測定する実験を考える．入射 X 線のエネルギーが Al の 1 s 軌道から p 軌道への遷移に対応するエネルギー（約 1500 eV）になると，1 s→p の電子遷移が生じ，透過 X 線の強度が下がる．同様に約 70 eV のエネルギーをもつ X 線（近紫外光）も 2 p→s, d への電子遷移によって吸収される．つまり，特定のエネルギーを有する X 線は，試料内部で生じる電子遷移に吸収され透過強度が落ちる．そのような現象を模式的に示したのが図 9.3 である．このようにして特定のエネルギー領域に現れる吸収を吸収端という．

　吸収端には名前がついている．たとえば，主量子数＝1 の軌道（つまり 1 s 軌道）からの電子遷移によって現れる吸収端を，アルファベットの 11 番目の "K" を使って K 端という．主量子＝2 の軌道（2 s, 2 p）からの遷移は L 端になる．L 端には 2 s 軌道からの遷移と 2 p 軌道からの遷移が存在するが，エネルギーの高い順に数字が使われ，2 s→p の遷移に対応する吸収端が L_1 端となる．さらに 2 p 軌道は相対論効果の一種であるスピン軌道相互作用によって $2 p_{1/2}$ と $2 p_{3/2}$ に分裂するため，$2 p_{1/2}$→s, d 遷移が L_2 端，$2 p_{3/2}$→s, d 遷移が L_3 端とよばれる．スピン軌道相互作用は Al で 0.7 eV ほど，3 d 遷移金属では数 eV である．L_2 端と L_3

表 **9.1**　XANES の吸収端リスト

名　称	遷移元(内殻軌道)	遷移先(伝導帯) (n は整数)
K 端	1s	np
L$_1$ 端	2s	np
L$_2$, L$_3$ 端(L$_{2,3}$ 端)	2p$_{1/2}$, 2p$_{3/2}$	ns, nd
M$_1$ 端	3s	np
M$_2$, M$_3$ 端(M$_{2,3}$ 端)	3p$_{1/2}$, 3p$_{3/2}$	ns, nd
M$_4$, M$_5$ 端(M$_{4,5}$ 端)	3d$_{3/2}$, 3d$_{5/2}$	np, nf
N$_1$ 端	4s	np
N$_2$, N$_3$ 端(N$_{2,3}$ 端)	4p$_{1/2}$, 4p$_{3/2}$	ns, nd
N$_4$, N$_5$ 端(N$_{4,5}$ 端)	4d$_{3/2}$, 4d$_{5/2}$	np, nf

　端が同時に計測される場合も多く，L$_2$ 端と L$_3$ 端はまとめて L$_{23}$ 端とよばれることもある．主な各吸収端の名前と対応する電子遷移を表9.1 にまとめた．
　以上のように，内殻電子の電子遷移には選択則があるため，X 線の吸収スペクトルでは各吸収端によって得られる情報が異なる．たとえば，p 軌道の情報が知りたければp 軌道を遷移先とする K 端を，d 軌道の情報を知りたければd 軌道を遷移先とする L$_{23}$ 端を調べればよいということになる．さらに，内殻軌道のエネルギーは元素によって大体決まっているため，吸収端の有無によって元素分析をすることも可能である．
　つまり XAS では，測定するエネルギー領域を選択することにより，注目する元素の目的の軌道に関する情報を取得することができる．

9.1.5　X 線吸収端近傍微細構造と広域 X 線吸収微細構造

　内殻電子励起に伴って現れる X 線の吸収スペクトルは XAS や X 線吸収微細構造(X-ray absorption fine structure：XAFS)とよばれる．XAS のスペクトルに現れるピーク形状やスペクトル起伏は微細構造とよばれる[2]．
　ZnO から測定された Zn-K 端を図 9.4 に示す．K 端のため Zn の内殻 1 s 軌道から伝導帯の Zn-p 成分への遷移に対応している．ここで，吸収端から数十 eV までの微細構造のことを X 線吸収端近傍微細構造(X-ray absorption near edge structures：XANES もしくは near edge XAFS：NEXAFS)といい，それ以上の

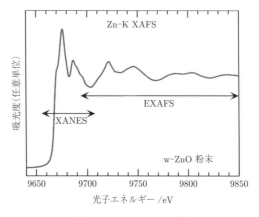

図 **9.4**　ZnO の Zn-K 端

エネルギーに現れる微細構造を広域 X 線吸収微細構造（extended XAFS：EX-AFS）という．次に，XANES と EXAFS の起源を考える．

　XANES と EXAFS の起源を知るために，図 9.1 内の矢印で示したような電子遷移を考える．XANES については，上述のように内殻電子から伝導帯への電子遷移に伴う遷移確率に対応している．XANES の起源は実空間の描像（図 9.1 (a)）でもエネルギー空間の描像（図 9.1 (b)）でも考えやすい．内殻軌道は空間的に原子核の極近傍に局在しており，周辺軌道との相互作用がほぼゼロなため，すべて同じエネルギー領域に現れ，線状である．一方で，一般的には伝導帯は空間的に広がっており，分散の大きいバンドを形成している．線状の内殻軌道からバンド状の伝導帯への電子遷移に伴う吸収スペクトルは，主に伝導帯の形を反映していることになる．とくに，XAS が従う電子遷移は主に電気双極子遷移に従うため，そのスペクトル形状は伝導帯の全状態密度ではなく，伝導帯における遷移先の軌道の部分状態密度（PDOS）を反映している．XANES が反映している電子構造は伝導帯に関するものであり，化学結合に直接関与する価電子帯を直接観察しているわけではない．しかしながら，価電子帯の構造と伝導帯の構造は密接に関係しており，XANES から化学結合や原子配位環境などに関する情報を得ることができる．

　XANES よりさらに上のエネルギー領域へ遷移する電子も存在しており，それらが EXAFS の起源となる．そのような高いエネルギー領域では原子核の束縛か

ら離れて周辺原子がつくるポテンシャル場に散乱することになる．この現象は図
9.1(a)のような実空間の描像で容易に理解できる．つまり EXAFS 領域の微細構
造は主に周辺原子がつくるポテンシャル場を反映していることになり，後述のよ
うな解析をすることによりスペクトルから近接原子間距離や近接原子数(配位数)
の情報を得ることができる．

9.1.6　XANES の解釈

　次に XANES スペクトルの解釈について考える．XANES は内殻軌道から伝導
帯の部分状態密度への遷移であり，その遷移エネルギーは内殻軌道から伝導帯下
端までのエネルギー差で近似することができる．内殻軌道のエネルギーは元素に
よって異なっており，とくに1s軌道の位置は決まっている．たとえば Mg-K 端
は 1300 eV 付近に現れるのに対し，原子番号が一つ離れた Al-K 端は Mg-K 端
から 260 eV ほど離れた 1560 eV 付近に現れる．原子番号の変化に伴う遷移エネ
ルギーの変化は L 端，M 端になるにつれ小さくなり，Mg-L_{23} 端と Al-L_{23} 端の
吸収端位置の違いは約 20 eV になる．一方で，同じ元素であっても周辺環境に
よって内殻軌道のエネルギー位置は微妙に変化する．つまり電子構造によって
XANES が現れるピーク位置がシフトすることになる．たとえば，3d 遷移金属
においては，3d 軌道の電子占有数に伴って遷移金属の L_{23} 端がシフトすること
が知られている[3]．さらに，形式的には同価数であっても化学結合の違いにより
スペクトルはシフトする．たとえば金属 Al，AlN および α 型 Al_2O_3 の Al-K 端
では，金属→窒化物→酸化物になるにつれてスペクトルの立ち上がりが徐々に高
エネルギー側にシフトする[4]．このシフトは内殻軌道と伝導帯とのエネルギー差
が物質によって変化したと考えることができる．このような内殻軌道のシフトは
XPS で測定される化学シフトに対応する．
　以上のように，スペクトルの立ち上がりは価数に加え，イオン性や共有結合性
などの情報を有している．
　さらに，XANES に現れる変化はスペクトルの立ち上がりエネルギーだけでな
く，そのスペクトルの微細構造も物質によって異なる．XANES のスペクトル形
状は伝導帯の電子構造を反映しており，形状を解釈するためには，① 参照物質
からのスペクトルによる"指紋照合法"による解釈，② XANES 理論計算によ
る解釈の二つが行われてきた．

　①の指紋照合法による解釈は，適切な参照物質が得られる場合にはよく機能する場合がある．たとえば 3 d 遷移金属の L_{23} 端について，価数が異なることでスペクトルの立ち上がりがシフトするだけではなく，L_3 端と L_2 端の積分強度比も変化することが知られている[3]．

　また，XANES が電子構造を反映しているという性質を生かし，DOS などの電子構造からスペクトルを解釈することも可能である．たとえば，図 9.5 は TiO_2 の O-K 端と第一原理電子状態計算で得られた基底状態における DOS および PDOS を示している．O-K 端は伝導帯における O-p 軌道の PDOS を反映しており，O-p 軌道の PDOS が O-K 端スペクトルの特徴（矢印のピーク）をよく再現していることがわかる．このような伝導帯の O-p 軌道の PDOS の形は Ti の電子構造を強く反映している．PDOS の縦軸に注目してみると，O-p 軌道と比べて Ti-d, s, p 軌道の状態数が圧倒的に多いことがわかる．これは，主にアニオンが価電子帯を，カチオンが伝導帯を構成する酸化物の電子構造の特徴である．

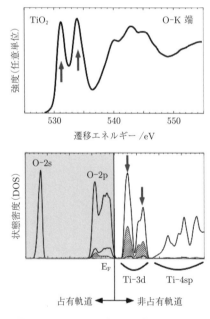

図 **9.5**　TiO_2 O-K 端と電子構造との相関

TiO$_2$の場合，Ti が伝導帯の主成分であり，その Ti と混成した O-p 軌道が O-K 端として現れる．つまり，O-K 端に現れる初めの 2 本の鋭いピークは六配位 Ti の d 軌道の結晶場分裂を反映しており，つづくピークは Ti の s, p 軌道と混成した O-p 軌道への遷移に対応している．

さらに，第一原理計算によって XANES スペクトルの理論計算を行うことにより，さらに詳細な原子配列や化学結合など材料物性に関わる情報を取得することができる．XANES の第一原理計算については 9.1.9 項 c. で簡単に触れている．

9.1.7　EXAFS の解釈

前述のように，EXAFS は，内殻から遷移した電子が遷移元の原子の原子核からの束縛から解放され，周辺原子の原子核や電子がつくるポテンシャル場に散乱される過程を反映している．つまりその散乱に関する情報を抽出し，解析することで，周辺原子の配位環境に関する情報を得ることができる．具体的には以下のような手順で解析することで，原子配位に関連する情報である動径分布関数を得ることができる．

① 吸収端位置決定
② バックグラウンド決定
③ EXAFS 領域の指定
④ EXAFS 信号($\chi(E)$)抽出
⑤ Fourier 変換による動径分布関数抽出

図 9.6 に解析手順をまとめたものを示す．まず図 9.6 (a) で①〜③を行っている．① 吸収端付近のスペクトルを二階微分して変曲点から決定する手法や吸収端のジャンプの 1/2 の位置に規定する手法などがある．② 適切な近似式によりバックグラウンドをフィッティングする．たとえば Victoreen の経験式($A\lambda^3 + B\lambda^4 + C$. ここで λ は波長)や，McMaster の経験式($AE^{-2.75} + B$. ここで E はエネルギー)などがフィッティング式として用いられる．③ 次に EXAFS 領域を指定する必要がある．つまり，吸収端からどこまでが XANES でどこからが EXAFS かという指定である．これは測定や微細構造にも依存するため，適切な領域(たとえば吸収端から 100 eV 以降など)を選びつつ，解析結果をみながら選ぶ必要がある．

④ 次に EXAFS 信号を抽出するために，再びバックグラウンドを引く．ここでは cubic spline 法や，前回と同様の Victoreen や McMaster の経験式を用いる

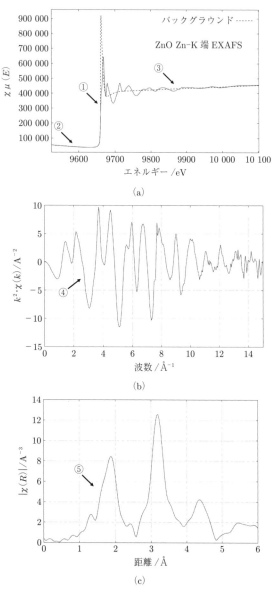

(a)

(b)

(c)

図 **9.6** EXAFS の解析手順
①〜⑤は本文中の解析手順に対応する.

方法がある．ここで抽出される EXAFS 信号はよく $\chi(E)$ で表される．エネルギー E を波数 k に変換した $\chi(k)$ を図 9.6(b) に示している．ここで得られた $\chi(k)$ は以下のような意味をもっている．

$$\chi(k) = \sum_j N_j S_j(k) F_j(k) e^{-2\sigma_j k^2} e^{-2R_j/\lambda_j(k)} \times \frac{\sin(2kR_j + \phi_{ij}(k))}{kR_j^2}$$

R_j は吸収原子から j 番目のシェル（周辺原子のことをしばしばシェルや皮，殻で表す）までの距離，N_j 個が散乱原子の個数，$F_j(k)$ がそれら散乱原子の後方散乱振幅，σ_j は温度因子（つまり Debye-Waller（デバイワラー）因子），$\lambda_j(k)$ は遷移した電子（つまり光電子）の平均自由行程，$S_j(k)$ は吸収原子での振幅の減少，$\phi_{ij}(k)$ は全位相シフトである．個々の値の物理的な意味は専門書に譲るが，ここで重要なことは EXAFS 信号の $\chi(k)$ が周辺にある多層のシェルにおける散乱を反映していることである．⑤ 次に $\chi(k)$ を Fourier 変換することで動径分布関数を得ることができる（図 9.6(c)）．

動径分布関数のピークの位置と高さからは結合距離と配位数を知ることができる．たとえば図 9.6 の ZnO の例では Zn が O と約 1.9 Å で結合して第一シェルを形成し，第二シェルの Zn-Zn は 3.2 Å 程度の結合距離であることがわかる．また構造を別の手法で求めておけば，EXAFS から温度因子などに関する情報を得ることも可能である．

このような解析は一見すると複雑なように思えるが，グラフィカルユーザーインターフェースを備えた解析ソフトも多数公開されている．

9.1.8 XAS の実際の測定

一般的な XAS の測定では単色（つまり単一エネルギー）の X 線を試料に照射してその吸収量を測定し，その単色 X 線のエネルギーを変えていきながら，各エネルギーで吸収量を測定することでスペクトルを得る．そのため白色（つまり多くのエネルギーを含む）で出てきた X 線をまず単色に分光する必要がある．X 線の分光には単結晶が用いられる．結晶性が高く耐放射線性が高いなどの理由で，軟 X 線（1〜3 keV 程度）ではベリルや KTP などが，硬 X 線（約 3 keV 以上）ではシリコン単結晶がよく使用される．一般的な分光用の単結晶面を表 9.2 に挙げる．実際には一つの単結晶ではビームの当たる位置が Bragg（ブラッグ）角 θ に伴って変化する．そのような不便をなくすために 2 枚の単結晶を平行に配置した

表 **9.2** 単結晶リスト

結晶および結晶面	格子面間隔/nm
ベリル(10$\bar{1}$0)	0.7983
KTP(001)	0.5477
Si(111)	0.3135
Si(220)	0.1920
Si(311)	0.1638
Si(511)	0.1045

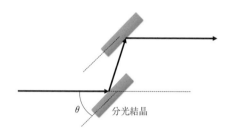

θ 分光結晶

図 **9.7** 二結晶分光器の模式図

二結晶分光器が用いられる．分光器の模式図を図 9.7 に示す．単結晶の角度を dθ だけ変化させたときのエネルギーの変化 dE は次式で与えられる．

$$dE = -E \cdot \cot\theta \cdot d\theta$$

　機械的に変えることのできる dθ には限界があるため，θ が大きいほど，つまり格子面間隔が小さいほど高いエネルギー分解能で測定が可能であることがわかる．

　XAS の測定では以上のような分光器によって単色化した X 線のエネルギーを変えて吸収量を測定することでスペクトルを得る．試料で生じる吸収量を測定するには(a)透過法，(b)蛍光法，(c)電子収量法の三つの方法が用いられている．それぞれを模式的に図 9.8 に示す．透過法(図(a))は最もシンプルな手法であり，図 9.3 も透過法で取得した場合を想定している．試料前方の X 線強度 I_0 と試料を透過してきた X 線強度 I_1 を測定して，その吸収量からスペクトルを得る．X 線の強度を測定するには各エネルギーに適したガスを充てんしたイオンチャンバーを用いる．透過法はシンプルな手法であるが，X 線が透過できるように試

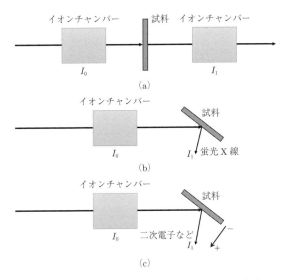

図 **9.8**　透過法(a)，蛍光法(b)，電子収量法(c)の模式図

料の濃度や厚さを調整する必要がある．検出器のダイナミックレンジが決まっているため，吸収量が多すぎる場合にはシグナルが飽和してしまう．つまり，X線が適度に吸収されて，適度に透過するように試料を調整する必要がある．液体や粉末であればそれほど難しくないが，バルク固体の場合は試料を薄くしたり，粉砕した試料をBNの粉に混ぜて吸収量を調整したりする工夫が必要となる．透過法では透過したX線を用いるため，基本的には試料内部のバルクに関する情報を反映している．

　蛍光法(図(b))については，X線を照射した際に試料から放出される蛍光X線を検出する方法である．蛍光X線の発生原理は後で触れている．X線を透過させる必要がないため試料の形状の自由度が高い．蛍光X線の検出には透過法で用いたイオンチャンバーを大口径にしたものを用いることができる．そのような蛍光X線検出用の大口径イオンチャンバーを，開発者の名前をとってLytle(ライトル)検出器とよぶ．さらに，最近では半導体検出器(solid state detector：SSD)も広く使われており，半導体素子を多数備えた高感度な多素子検出器を用いることで，ppmやppbレベルの極微量な成分のXASスペクトルを取得することができる．検出に用いる蛍光X線は高エネルギーである場合が多いため，

基本的にはバルクの情報を反映しているといえる.

電子収量法(図(c))では,チャンバー内で試料と検出電極の間に高電圧を印加し,X線を照射した際に試料から出てくる電子を電流として検出する.とくに,試料から放出されてくる電子のエネルギーを選別し,Auger(オージェ)電子のみを検出する手法を Auger 電子収量(Auger electron yield:AEY)法,阻止電場を用いることで一定値より高いエネルギーをもつ電子だけを検出する手法を部分電子収量(partial electron yield:PEY)法,エネルギーを選別せずにすべての電子を使うのを全電子収量(total electron yield:TEY)法とよぶ.これら電子収量法では試料内部で発生した電子が試料内部で散乱・吸収される.そのため,検出する電子の種類やエネルギーによって検出深度は異なるが,一般的に蛍光法や透過法に比べて表面敏感な手法であるといえる.AEY では元素識別の Auger 電子を選択するためにシグナル/バックグラウンド(S/B)比は良くなるが,電子の絶対量が少なくなるため,シグナル/ノイズ(S/N)比は悪くなる.一方で,TEY では S/N 比は良いが,S/B 比は良くないなどの特徴がある.

吸収量を測定する手法それぞれにメリット,デメリットがあるため試料や目的に合わせてユーザーが測定手法を選択する必要がある.

9.1.9 XAS に関するさまざまな話題

a. XAS の偏光依存性

次に,XAS に関係する他のさまざまな内容について触れる.まず,シンクロトロン放射光を用いた場合には X 線が偏光していることに注意しなければならない.放射光から得られた X 線は電子蓄積リングの軌道方向に対して水平に偏光している.模式図を図 9.9(a)に示す.このような偏光がある場合,X 線の電場ベクトル e は偏光方向にかかるため,電場ベクトルと同じ方向の電子遷移が優先的に生じる.試料の電子構造に異方性がある場合,この偏光の効果が顕著に現れる.図 9.9(b)は多結晶および単結晶 ZnO から得られた Zn-K XANES スペクトルである.ZnO は六方晶ウルツ鉱型構造を有しており,a, b 軸と c 軸の電子構造が大きく異なる.単結晶を用いた場合,結晶の c 軸を電場方向に対して垂直に配置するか,平行に配置するかでスペクトル形状は大きく異なる.このような効果を用いることで,原子配置や化学結合の異方性を調べることも可能である.

また,ここで述べた偏光は線二色性であったが,円偏光二色性を用いること

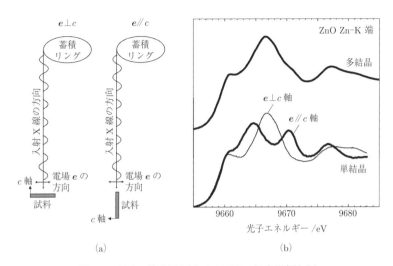

図 **9.9**　偏光の模式図(a)と XANES の偏光依存性(b)

で，磁気量子数の選択則を利用することができ，磁性に関する情報を得ることができる．円偏光を用いた X 線分光を X 線磁気円二色性(X-ray magnetic circular dichroism：XMCD)と称し，磁性材料に広く用いられている．

b.　四重極子遷移の寄与

9.1.3 項で述べたように，XAFS が従う電子遷移は主に電気双極子遷移の選択則である．ただし，四重極子遷移に伴うピークが現れる吸収端もある．たとえば図 9.10 は TiO_2 の Ti-K 端と O-K 端スペクトルである．Ti-K 端では 4960 eV 付近の大きなピークの前に，プレピークが現れる．後に述べる XANES スペクトルの第一原理計算の結果と比較すると，プレピークのうちに 2 本目(A2)と 3 本目(A3)のピークが電気双極子遷移なのに対し，第一ピーク(A1)は四重極子遷移に対応していることがわかる．このような四重極子遷移のピークは遷移金属化合物の K 端で多くみられる．一方で O-K 端では四重極子遷移の効果はほぼないことがわかる(図 9.10(b))．

c.　XAS の第一原理計算

前述のように XAS は電子遷移に伴う吸収スペクトルを測定しており，始状態

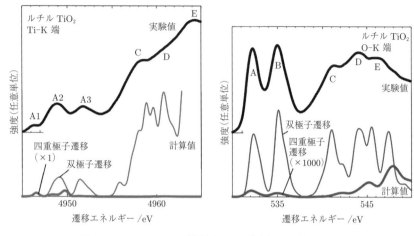

図 **9.10**　TiO_2 の Ti-K 端(a)と O-K 端(b)の四重極子遷移

と終状態の波動関数を得ることができれば式(9.1)〜(9.3)を用いてスペクトルを計算することができる．現在までにさまざまな第一原理計算手法が開発されており，いくつかの計算コードでは XAS を計算する機能が標準装備されている．最近では計算速度や精度も向上し，スペクトルの第一原理計算を行うことが容易になりつつある．いくつかの計算コードで計算された MgO の Mg-K 端を図 9.11 に示す．XAS スペクトルを計算するためには，内殻の電子が遷移した際に形成されるホール(内殻空孔)の効果を計算に取り入れる必要がある．さらに，内殻空孔の効果を正確に考慮するための十分に大きな計算サイズも重要になる．この二つの条件を満たす計算を行うことで，図 9.11 で示すようにすべての第一原理計算コードで実験スペクトルを再現できる．ここで用いた第一原理計算コードは以下の三つである．

① WIEN2k コード(第一原理 FLAPW(APW + lo)法，バンド計算法)：XANES の計算が可能．四重極子遷移も計算可能[5]．
② CASTEP コード(第一原理平面波基底擬ポテンシャル法，バンド計算法)：XANES の計算が可能．計算が高速で大規模計算も可能[6]．
③ FEFF コード(第一原理多重散乱計算法，クラスター法)．XANES および EXAFS の計算が可能な XAS 計算用コード．ただし球対称ポテンシャルを用いているので XANES 計算の精度は低い[7]．

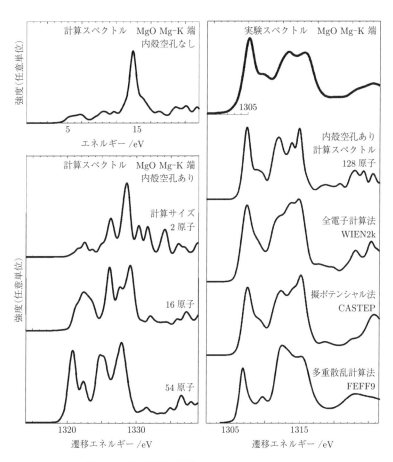

図 **9.11**　MgO Mg-K 端
計算スペクトルと実験スペクトルの比較

9.2　X 線を用いた他の分光法：X 線発光分光法と蛍光 X 線分光法

9.2.1　X 線発光分光法

　X 線のエネルギーが吸収される際に内殻の電子が励起し，内殻空孔が形成される．内殻空孔が生じている状態はエネルギー的に不安定であるため，エネルギー的に高い準位の電子が内殻空孔を埋める．エネルギー的に高い準位にいた電子が，低エネルギーの準位に移るため，その準位のエネルギー差に対応する光（X 線）を放出する．この試料から出てきた X 線を分光するのが X 線発光分光（X-ray emission spectroscopy：XES）である[8]．XES が反映する電子の遷移過程を図 9.12 に示す．XES の特徴はそのスペクトルが価電子帯の情報を反映している点にある．さらに，XES でも XAS と同様な双極子遷移の選択側が存在し，s 軌道にできた内殻空孔を埋めるのは p 軌道からの電子である．そのため XES は価電子帯の PDOS を反映していることになる．

　また，XAS と同様に XES スペクトルにも固有の名前がついており，1 s 軌道にできた内殻空孔を埋めるために 2 p$_{1/2}$ 軌道の電子が用いられて発生するスペク

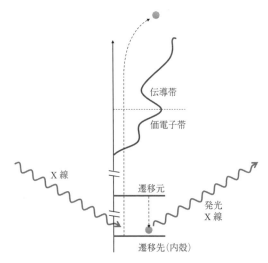

図 **9.12**　XES の電子遷移の模式図

表 **9.3**　XES のスペクトルの名称

名　称	遷移元	遷移先(内殻)
$K\alpha_1$, $K\alpha_2$	$2p_{3/2}$, $2p_{1/2}$	$1s$
$K\beta_1$, $K\beta_2$	$3p_{3/2}$, $3p_{1/2}$	$1s$
$L\beta_3$, $L\beta_4$	$3p_{3/2}$, $3p_{1/2}$	$2s$
$L\gamma_3$, $L\gamma_4$	$4p_{3/2}$, $4p_{1/2}$	$2s$
$L\eta$	$3s$	$2p_{1/2}$
$L\beta_1$	$3d_{3/2}$	$2p_{1/2}$
$L\gamma_1$	$4d_{3/2}$	$2p_{1/2}$
$L\lambda$	$3s$	$2p_{3/2}$
$L\alpha_1$, $L\alpha_2$	$3d_{5/2}$, $3d_{3/2}$	$2p_{3/2}$
$L\beta_2$	$4d_{5/2}$	$2p_{3/2}$

トルを $K\alpha$ 発光，$2s$ 軌道の内殻空孔を埋めるために $2p_{1/2}$ 軌道の電子が用いられる場合が $L\alpha$ 発光などと称される．XES スペクトルの名称と関係する電子の緩和過程を表 9.3 にまとめた．XAS と比較して複雑な名称になっていることがわかる．

図 9.13 には $SrTiO_3$，NiO，ZnO の O-$K\alpha$ 発光スペクトルを示す．NiO では高エネルギー側に肩が出ているのに対し，ZnO では 525.5 eV 付近のメインピークの低エネルギー側になだらかなプラトー形状のピークが現れていることがわかる．一方で，$SrTiO_3$ ではそのような肩形状は明瞭に観察されない．このスペクトル形状の違いには遷移金属の d バンドが関係しており，NiO では Fermi 準位付近に電子が部分占有した Ni-d バンドが存在しているのに対し，ZnO の Zn-d 軌道は完全に電子で占有されており，$O2p$ バンドの低エネルギー側に存在している．一方で $SrTiO_3$ では Ti-3d 軌道も Sr-4d 軌道も非占有であるため d 軌道に起因するバンドは XES スペクトルには現れない．

金属酸化物の価電子帯は主に酸素の p バンドで形成されるため，XES はその情報を直接得ることのできる強力な材料分析ツールである．しかしながら，一般的に発光強度が弱いため高輝度な X 線を用いても測定時間がかかる．測定にはシンクロトロン放射光(電子顕微鏡でも可能．図 9.13 の XES スペクトルは電子顕微鏡で測定)が主に用いられ，試料から出てきた X 線を分光してスペクトルを得る．詳細なスペクトル形状を測定するためにエネルギー分解能の高い回折格子が一般的に用いられる．

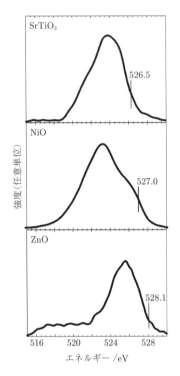

図 **9.13**   酸化物の酸素 Kα_1 XES 比較

9.2.2   蛍光 X 線分光法

　X 線や電子線を照射した際に発生する蛍光 X 線を測定する分光法を蛍光 X 線分光法という。とくに，出てきた蛍光 X 線をエネルギーで分光するのがエネルギー分散型蛍光 X 線分光法(energy dispersive X-ray spectroscopy：EDS)，波長で分光するのが波長分散型蛍光 X 線分光法(wavelength dispersive X-ray spectroscopy：WDS)である。EDS はエネルギー分解能が低く感度は低いが，検出器を小型にすることができ，測定できるエネルギー領域も広いため，ほぼ全元素を同時計測できる。EDS は TEM や走査電子顕微鏡(scanning electron microscopy：SEM)に取り付けられ組成分析に広く用いられている。一方で WDS は装置が大きく測定できるエネルギー領域が狭いものの，エネルギー分解能は高く感

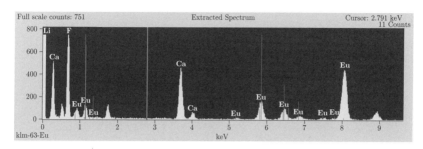

図 **9.14** EDSスペクトルの例

度が高いため EPMA（electron probe micro analyzer）などの元素分析に使用され
ている.

　ここで，EDS/WDS と先に述べた XES との比較を考える.XES でも試料から
出てきた発光X線を回折格子で波長分散して測定している.蛍光は発光の一種
であり，蛍光X線と発光X線は基本的には同じものであるため，XES は WDS
と等価と考えることができる.実際に XES で用いた名称はそのまま EDS や
WDS でも用いられている.

　EDS スペクトルの一例を図 9.14 に示す.EDS ではエネルギー分解能が数百
eV であり，これまで XAS や XES で述べてきたスペクトルの微細構造は見るこ
とができない.しかしながらそれらすべての情報が大きな1本のピークとして現
れ，かつバックグラウンドがフラットであるという特徴を生かし，そのピーク強
度から組成を見積もることができる.ただし試料から出てきた蛍光X線は試料
内部の別の原子によって吸収されたり，散乱されたりする.そしてその過程は蛍
光X線のエネルギーに依存する.そのため，単純にピーク強度が組成に比例す
るわけではなく，標準試料で検量線を作成したり，実験の配置や試料厚みから吸
収の効果を知っておく必要がある.そのうちの一つがファンダメンタルパラメー
ター法である.この方法では質量吸収係数，蛍光収率，X線源のスペクトル分
布などのファンダメンタルパラメーターを用いて理論式から蛍光X線の理論X
線強度を求める手法である.

参 考 文 献

[第 1 章]

  [1] 北森武彦，宮村一夫，分析化学Ⅱ，丸善出版，**2002**.

[第 2 章]

  [1] 日本分光学会，光学実験の基礎と改良のヒント，講談社，**2009**.

[第 3 章]

  [1] Peter Atkins, Julio de Paula 著，アトキンス物理化学〈上〉〈下〉，中野元裕ほか 訳，東京化学同人，**2017**.

[第 4 章]

  [1] Peter Atkins, Julio de Paula 著，アトキンス物理化学〈上〉〈下〉，中野元裕ほか 訳，東京化学同人，**2017**.

  [2] 北森武彦，宮村一夫，分析化学Ⅱ，丸善出版，**2002**.

[第 5 章]

  [1] E.B. Wilson, J.C. Decius, P.C. Cross, Molecular vibration, *The Theory of Infrared and Raman Vibrational Spectra*, McGraw-Hill, **1955**.

  [2] 水島三一郎，島内武彦，赤外線吸収とラマン散乱，共立出版，**1958**.

  [3] 中川一郎，振動分光学（日本分光学会測定法シリーズ 16），学会出版センター，**1987**.

[第 6 章]

  [1] 澤田嗣郎 編，光熱変換分光法とその応用（日本分光学会測定法シリーズ 36），学会出版センター，**1997**.

  [2] M. Xu, L.V. Wang, *Rev. Sci. Instrum.* **2006**, *77*, 041101.

  [3] R.D. Snook, R.D. Lowe, *Analyst* **1995**, *120*, 2051.

  [4] T. Kitamori, M. Tokeshi, A. Hibara, K. Sato, *Anal. Chem.* **2004**, *76*, 52A.

[第 7 章]

[1] 永島圭介，表面プラズモンの基礎と応用，*J. Plasma Fusion Res.*, **2008**, *84*, 10.

[第 8 章]

[1] G. Herzberg, *Atomic Spectra and Atomic Structure*, Prentice-Hall, **1937**；Dover, **1944**.（堀健夫 訳，原子スペクトルと原子構造 第 2 版，丸善，**1974**）

[2] 大道寺英弘，中原武利 編，原子スペクトル—測定とその応用（日本分光学会測定法シリーズ 19），学会出版センター，**1989**.

[3] F. Rouessac, A. Rouessac, *Chemical Analysis—Modern Instrumentation Methods and Techniques*(Second Edition), Wiley, **2007**.

[第 9 章]

[1] 量子力学の教科書に記述されている．たとえばシッフ，新版 量子力学（下），井上健 訳，吉岡書店，**1972**，など.

[2] XANES や EXAFS については以下の教科書がある．XAFS の基礎と応用，日本 XAFS 研究会 編，講談社，**2017**；宇田川康夫 編，X 線吸収微細構造—XAFS の測定と解析（日本分光学会測定法シリーズ 26），学会出版センター，**1993**；太田俊明 編，X 線吸収分光法—XAFS とその応用—，アイピーシー，**2002**；Joachim Stöhr, *NEXAFS Spectroscopy*, Springer, 1992.

[3] D.H. Pearson, C.C. Ahn, B. Fultz, *Phys. Rev. B* **1993**, *47*, 8471.

[4] T. Mizoguchi, W. Olovsson, H. Ikeno, I. Tanaka, *Micron* **2010**, *41*, 695；H. Ikeno, T. Mizoguchi, *Microscopy*, **2017**, *66*, 305；T. Mizoguchi, T. Miyata, W. Olovsson, *Ultramicroscopy*, **2017**, *180*, 93.

[5] P. Blaha, K. Schwarz, G. Madsen, D. Kvasnicka, J. Luitz, http://http://www.wien2k.at/

[6] S.J. Clark, M.D. Segall, C.J. Pickard, P.J. Hasnip, M.J. Probert, K. Refson, M.C. Payne, *Zeitschrift fuer Kristallographie* **2005**, *220*(5-6), 567.

[7] J.J. Rehr, J.J. Kas, F.D. Vila, M.P. Prange, K. Jorissen, *Phys. Chem. Chem. Phys.* **2010**, *12*, 5503.

[8] XES 等の X 線分光の教科書は以下のようなものがある．太田俊明，横山利彦 編著，内殻分光，アイピーシー，**2007**；F. de Groot and Akio Kotani, *Core Level Spectroscopy of Solids*, CRC Press, **2008**.

索　　引

欧　文

AAS → 原子吸光法

AEY → Auger 電子収量法

Auger（オージェ）電子収量法（Auger electron yield）　82

Avogadro（アボガドロ）定数（Avoagro number）　31

Boltzmann（ボルツマン）分布（Boltzmann distribution）　35

Bragg（ブラッグ）回折（Bragg reflection）　69

Brewster（ブリュースター）角（Brewster angle）　15

CBM → 伝導帯下端

cubic spline 法（cubic spline method）　79

Czerny-Turner 型分光器（Czerny-Turner spectrometer）　56

de Broglie（ド・ブロイ）波（de Broglie wave）　4

Debye-Waller（デバイワラー）因子（Debye-Waller factor）　79

Doppler（ドップラー）幅（Doppler width）　49

DOS → 状態密度

EDS → 蛍光 X 線分光法

EXAFS → 広域 X 線吸収微細構造

Fermi（フェルミ）の黄金律（Fermi's golden rule）　70

Fourier（フーリエ）変換演算処理（Fourier transform processing）　7

Fourier（フーリエ）変換赤外分光光度計（Fourier transform infrared spectrophotometer）　37

Fourier（フーリエ）変換赤外分光法

（Fourier transform infrared spectrometry）　18,37

Franck-Condon（フランク-コンドン）因子（Franck-Condon factor）　34,35

FTIR → Fourier 変換赤外分光法　37

FTIR-ATR　38

Grotrian（グロトリアン）図（Grotrian diagram）　23

HOMO → 最高被占軌道

Hund（フント）則（Hund's rule）　22

ICP → 誘導結合プラズマ

ICP-AES → 誘導結合プラズマ-原子発光法

ICP-OES → 誘導結合プラズマ-発光法

IRE → 内部反射素子

Jablonski（ヤブロンスキー）図（Jablonski diagram）　27,30,33

Kretschmann（クレッチマン）配置（Kretschmann configuration）　46

K 端（K edge）　72

Lambert-Beer（ランベルト-ベール）（の法）則（Lambert-Beer's law）　30,37,53,56

Lorentz（ローレンツ）幅（Lorentz width）　49

Lorentz（ローレンツ）モデル（Lorentz model）　16

LUMO → 最低空軌道

Lytle（ライトル）検出器（Lytle detector）　81

L 端（L edge）　72

$L_{2,3}$ 端（$L_{2,3}$ edge）　73

Maxwell（マクスウェル）方程式（Maxwell equation）　9

McMaster の経験式（EXAFS）

（McMaster equation）　77

Michelson（マイケルソン）干渉計
（Michelson interferometer）　7，18，38

MS → 質量分析

NEXAFS → X 線吸収端近傍微細構造

Otto（オットー）配置（Otto configuration）　46

PAS → 光音響分光法

PDOS → 部分状態密度

Planck（プランク）定数（Planck constant）　3，62

Raman（ラマン）活性（Raman active）　39

Raman（ラマン）効果（Raman effect）　39

Raman（ラマン）散乱（Raman scattering）　37，39，40

Raman（ラマン）スペクトル（Raman spectrum）　39

Raman（ラマン）分光（Raman spectroscopy）　37，39

Raman（ラマン）分光分析装置（Spectroscopic analysis apparatus）　7

Raman（ラマン）活性（Raman active）　37

Rayleigh（レイリー）散乱（Rayleigh scattering）　39，40

Rayleigh（レイリー）散乱光（Rayleigh scattering light）　39

Schrödinger（シュレディンガー）方程式（Schrödinger equation）　4，5，19

Snell（スネル）の法則（Snell's law）　14，28

SSD → 半導体検出器

Stokes（ストークス）散乱（Stokes scattering）　39，40

Stokes（ストークス）シフト（Stokes shift）　33，35

Taylor（テイラー）展開（Talor expansion）　33

TLM → 熱レンズ顕微鏡

TLS → 熱レンズ分光法

VBM → 価電子帯上端

Victoreen の経験式（EXAFS）（Victoreen equation）　77

WDS → 波長分散型蛍光 X 線分光法　88

XAFS → X 線吸収微細構造

XANES → X 線吸収端近傍微細構造

XAS → X 線吸収分光（法），X 線発光分光（法）

XMCD → X 線磁気円二色性

XPS → 光電子分光法

X 線吸収端近傍微細構造（X-ray absorption near edge structures, near edge XAFS）　73

X 線吸収微細構造（X-ray absorption fine structure）　73

X 線吸収分光法（X-ray absorption spectroscopy）　67，70

X 線磁気円二色性（X-ray magnetic circular dichroism）　83

X 線発光分光（法）（X-ray emission spectroscopy）　86

Zeeman（ゼーマン）効果（Zeeman effect）　63

Zeeman（ゼーマン）補正（原子吸光法）（Zeeman correction）　60，61

あ 行

アナライト（analyte）　7

アボガドロ定数 → Avogadro 定数

アンチ Stokes 散乱（anti-Stokes scattering）　39，40

イオン化（ionization）　51

イオン化干渉（フレーム原子吸光法）（ionazation interference）　57

異常 Zeeman 効果（anomalous Zeeman effect）　62

一次ビーム（primary beam）　6

一重項（singlet）　27

うなり現象(beat phenomenon)　　13

エネルギー準位(energy level)　　4

エネルギー分散型蛍光 X 線分光法
　　(energy dispersive X-ray spectros-
　　copy)　　88

円二色性(circular dichroism)　　32

円偏光(circularly-polarized light)
　　11

円偏光二色性(circular dichroism)
　　82

オージェ電子収量法 → Auger 電子収量
　　法

オットー配置 → Otto 配置

温度因子(Debye-Waller factor)　　79

か 行

回折格子(diffraction grating)　　29

回転遷移(rotational transition)　　5

化学炎(chemical flame)　　55

化学干渉(フレーム原子吸光法)(chemi-
　　cal interference)　　57

化学シフト(chemical shift)　　75

価電子帯(valenceband)　　68

価電子帯上端(valence band maximum)
　　68

干渉(interference)　　12

奇関数(odd function)　　24

基底準位(ground state)　　6

基底状態(gound state)　　52

吸光係数(absorption coefficient)　　17

吸光断面積(absorption cross section)
　　31

吸光分光分析法(absorption spectrometry)
　　30

吸収(absorption)　　15

吸収端(edge)　　72

強制振動(forced oscillation)　　16

鏡像関係(enantiotopic)　　33

局在表面プラズモン共鳴(localized
　　surface plasmon resonance)　　48

許容遷移(permitted transition)　　23

禁制遷移(forbidden transition)　　23

偶関数(even function)　　24

クレッチマン配置 → Kretschmann 配置

グロトリアン図 → Grotrian 図

蛍光 X 線分光法(X-ray Fluorescence
　　spectroscopy)　　86,88

蛍光スペクトル(fluorescence spectrum)
　　33

蛍光性(fluorescent)　　41

蛍光分光分析法(fluorescence sectros-
　　copic analysis)　　33

蛍光法(XAS)(fluorescence method)
　　81

蛍光量子収率(fluorescence quantum
　　efficiency)　　33

原子化(atomization)　　51

原子吸光(atomic absorption)　　50

原子吸光法(atomic absorption spec-
　　trometry)　　49

原子スペクトル法(atomic spectrome-
　　try)　　49

原子発光(atomic emission)　　50

原子発光線(atomic emission line)　　55

原子発光法(atomic emission spectrome-
　　try)　　50

原子分光法(atomic spectrometry)
　　49

広域 X 線吸収微細構造(extended X-ray
　　absorption fine structure, extended
　　XAFS)　　73,74

合成軌道角運動量(composite orbital
　　angular momentum)　　19

合成スピン角運動量(composite spin
　　angular momentum)　　19

光電子分光法(X-ray photospectros-
　　copy)　　70

光熱変換分光法(photothermal spectros-
　　copy)　　41

光熱偏向分光法(photothermal deflection spectroscopy : PDS)　42
光路長(optical pathlength)　30
黒鉛炉(graphite furnace)　58
コヒーレンス(可干渉性)(coherence)　13

さ 行

最高被占軌道(highest occupied molecular orbital)　68
最低空軌道(lowest unoccupied molecular orbital)　68
三重項(triplet)　27

紫外・可視分光法(UV-visible spectroscopy)　27
磁気量子数(magnetic quantum number)　19
質量分析(mass spectrometry)　50, 65
指紋照合法(finger print)　75
重水素ランプ補正(原子吸光法)(deuterium lamp correction)　61
周波数(frequency)　3
主量子数(principal quantum number)　19
シュレディンガー方程式 → Schrödinger 方程式
状態密度(density of states)　67
衝突断面積(collision crross section)　31
シングルビーム方式(吸光分光分析装置)(single beam type(absorption spectroscopic analysis apparatus))　32
振動遷移(vibrational transition)　5
振動分光法(vibrational spectroscopy)　37

垂直遷移(vertical transition)　35
ストークス散乱 → Stokes 散乱

ストークスシフト → Stokes シフト
スネルの法則 → Snell の法則
スピン軌道相互作用(spin orbit coupling)　72
スペクトル項(spectrum term)　20

正常 Zeeman 効果(normal Zeeman effect)　61
赤外・Raman の選択則(selection rule)　37
赤外吸収(infrared absorption)　37
赤外分光法(infrared spectroscopy)　37
ゼーマン効果 → Zeeman 効果
ゼーマン補正 → Zeeman 補正
遷移(transition)　5
遷移確率(transition probability)　31
遷移則(transition rule)　23
全角運動量(total angular momentum)　20
選択則(selection rule)　71
全電子収量法(total electron yield)　82
線二色性(linear dichroism)　82
全反射減衰法(attenuated total reflection spectroscopy)　38

た 行

第一原理計算(XAS)(first principles calculation)　76, 83
対称種(symmetry species)　24
ダブルビーム方式(吸光分光分析装置)(double beam type(absorption spectroscopic analysis apparatus))　32
蓄積リング(storage ring)　82
中空陰極ランプ(hollow cathode lamp)　53
直線偏光(linearly-polarized light)　11
テイラー展開 → Taylor 展開

デバイワラー因子 → Debye-Waller 因子

電子収量法(XAS)(electron yield) 82

電子遷移(electronic transition) 5

──の選択則(selection rule) 70

電子の遷移確率(transition probability) 70

電磁波(electromagnetic wave) 3

伝導帯(conduction band) 68

伝導帯下端(conduction band minimum) 68

伝搬(propagation) 9

透過(transmission) 13

透過法(XAS)(transmission method) 80

ドップラー幅 → Doppler 幅

ド・ブロイ波 → de Broglie 波

な　行

内殻軌道(core orbital) 69

内殻空孔(core hole) 84

内部反射素子(internal reflectance element) 38

波の干渉(inteference of wave) 12

二結晶分光器(double crystal spectrometer) 80

二次ビーム(secondary beam) 6

熱レンズ顕微鏡(thermal lens microscope) 42

熱レンズ効果(thermal lens effect) 42

熱レンズ分光法(thermal lens spectroscopy) 42

は　行

バイオセンサー(biosensor) 48

波長(wavelength) 3

波長分散型蛍光 X 線分光法(wavelength dispersive X-ray spectroscopy: WDS) 88

バックグラウンド補正法(原子吸光法) (background correction) 60

波動性(wave) 4

バーナー(burner) 53

反射(reflection) 13

半導体検出器(XAS)(solid state detector, semiconductor detector) 81

光音響分光法(photoacoustic spectroscopy) 41

微細構造(fine structure) 73

表面プラズモン(surface plasmon) 45

表面プラズモン共鳴(法)(surface plasmon resonance) 45,46

ファンダメンタルパラメーター法(EDS) (fundamental parameter) 89

フェルミの黄金律 → Fermi の黄金律

物理干渉(フレーム原子吸光法) (physical interference, matrix interference) 56

部分状態密度(XAS)(partial density of states) 69,74

部分電子収量法(partial electron yield) 82

プラズマ振動(plasma oscillation) 45

プラズモン(plasmon) 45

ブラッグ回折 → Bragg 回折

フランク-コンドン因子 → Franck-Condon 因子

プランク定数 → Planck 定数

フーリエ変換演算処理 → Fourier 変換演算処理

フーリエ変換赤外分光光度計 → Fourier 変換赤外分光光度計

フーリエ変換赤外分光法 → Fourier 変換赤外分光法

プリズム(prism) 28

ブリュースター角 → Brewster 角

フレーム原子吸光法(flame atomic ab-

sorption spectrometry)　53
フレームレス原子吸光法(flameless atomic absorption spectrometry)　58
分光学(spectroscopy)　6
分光干渉(フレーム原子吸光法)(spectral interference)　57
分光素子(dispersive element)　18
分光分析装置(spectroanalysis instrument)　7
フント則 → Hund 則
噴霧器(nebulizer)　53

偏光(polarized light)　11
偏光(polarization)　82

方位量子数(azimuthal quantum number)　19
放射遷移(radiative transition)　28
ボルツマン分布 → Boltzmann 分布

ま 行

マイケルソン干渉計 → Michelson 干渉計
マクスウェル方程式 → Maxwell 方程式
マトリクスマッチング(matrix matching)　57
無放射緩和(nonradiative relaxation)　41
無放射遷移(nonradiative transition)　28
モル吸光係数(molar absorption coefficient)　30

や 行

ヤブロンスキー図 → Jablonski 図
誘導結合プラズマ(inductively coupled plasma)　50,63
誘導結合プラズマ-原子発光法(inductively coupled plasma-atomic emission spectrometry, ICP-AES, ICP-OES)　50,63
誘導結合プラズマ-質量分析法(inductively coupled plasma mass spectrometry)　65
誘導結合プラズマ-発光法(ICP-optical emission spectrometry)　63

ら 行

ライトル検出器 → Lytle 検出器
ラマン活性 → Raman 活性
ラマン効果 → Raman 効果
ラマン散乱 → Raman 散乱
ラマンスペクトル → Raman スペクトル
ラマン分光 → Raman 分光
ラマン分光分析装置 → Raman 分光分析装置
ランベルト-ベール(の法)則 → Lambert-Beer(の法)則
粒子性(particle)　4
量子力学(quantum mechanics)　4
りん光(phosphorescence)　41
励起準位(excited state)　6
励起状態(excited state)　52
レイリー散乱 → Rayleigh 散乱
レイリー散乱光 → Rayleigh 散乱光
ローレンツ幅 → Lorentz 幅
ローレンツモデル → Lorentz モデル

東京大学工学教程

著者の現職

馬渡　和真（まわたり・かずま）
東京大学大学院工学系研究科応用化学専攻　准教授

一木　隆範（いちき・たかのり）
東京大学大学院工学系研究科マテリアル工学専攻　教授

清水　久史（しみず・ひさし）
東京大学国際高等研究所ニューロインテリジェンス国際研究機構
特任助教

火原　彰秀（ひばら・あきひで）
東北大学多元物質科学研究所　教授

溝口　照康（みぞぐち・てるやす）
東京大学生産技術研究所　教授

東京大学工学教程　基礎系　化学
分析化学Ⅱ：分光分析

令和 2 年 3 月 10 日　発　行

編　者	東京大学工学教程編纂委員会
著　者	馬渡　和真・一木　隆範・清水　久史・ 火原　彰秀・溝口　照康
発行者	池　田　和　博
発行所	丸善出版株式会社

　〒101-0051　東京都千代田区神田神保町二丁目17番
　編集：電話（03）3512-3261／FAX（03）3512-3272
　営業：電話（03）3512-3256／FAX（03）3512-3270
　https://www.maruzen-publishing.co.jp

組版印刷・製本／三美印刷株式会社

ISBN 978-4-621-30499-0　C 3343　　　　　Printed in Japan